1+X 职业技能鉴定考核指导手册

瓜果栽培

（专项职业能力）

编审委员会

主 任	张 岚	魏丽君	
委 员	顾卫东	葛恒双	孙兴旺
	张 伟	李 晔	刘汉成
执行委员	李 晔	瞿伟洁	夏 莹

中国劳动社会保障出版社

图书在版编目（CIP）数据

瓜果栽培：专项职业能力/人力资源社会保障部教材办公室等组织编写. -- 北京：中国劳动社会保障出版社，2018

（1＋X 职业技能鉴定考核指导手册）

ISBN 978-7-5167-3704-0

Ⅰ. ①瓜…　Ⅱ. ①人…　Ⅲ. ①瓜果园艺-职业技能-鉴定-自学参考资料　Ⅳ. ①S65

中国版本图书馆 CIP 数据核字（2018）第 274409 号

中国劳动社会保障出版社出版发行

（北京市惠新东街 1 号　邮政编码：100029）

*

三河市华骏印务包装有限公司印刷装订　新华书店经销

787 毫米×960 毫米　16 开本　10 印张　163 千字
2018 年 12 月第 1 版　　2018 年 12 月第 1 次印刷

定价：28.00 元

读者服务部电话：（010）64929211/84209101/64921644

营销中心电话：（010）64962347

出版社网址：http://www.class.com.cn

前 言

职业资格证书制度的推行，对广大劳动者系统地学习相关职业的知识和技能，提高就业能力、工作能力和职业转换能力有着重要的作用和意义，也为企业合理用工和劳动者自主择业提供了依据。

随着我国科技进步、产业结构调整和市场经济的不断发展，特别是加入世界贸易组织以后，各种新兴职业不断涌现，传统职业的知识和技术也愈来愈多地融进当代新知识、新技术、新工艺的内容。为适应新形势的发展，优化劳动力素质，上海市人力资源和社会保障局在提升职业标准、完善技能鉴定方面做了积极的探索和尝试，推出了1＋X培训鉴定模式。1＋X中的1代表国家职业标准，X是为适应经济发展的需要，对职业标准进行的提升，包括了对职业的部分知识和技能要求进行的扩充和更新。1＋X的培训鉴定模式，得到了国家人力资源社会保障部的肯定。

为配合开展1＋X培训与鉴定考核的需要，使广大职业培训鉴定领域专家和参加职业培训鉴定的考生对考核内容和具体考核要求有一个全面的了解，人力资源社会保障部教材办公室、中国就业培训技术指导中心上海分中心、上海市职业技能鉴定中心联合组织有关方面的专家、技术人员共同编写了《1＋X职业技能鉴定考核指导手册》。该手册由"理论知识复习题""操作技能复习题"和"理论知识考试模拟试卷及操作技能考核模拟试卷"三大块内容组成，书中介绍了题库的命题依据、试卷结构和题型题量，同时从上海市1+X鉴定题库中抽取部分理论知识题、操作技能题和模拟样卷供考生参考和练习，便于考生能够有针对性地进行考前复习准备。今后我们会随着国家职业标准和鉴定题库的提升，逐步对手册内容进行补充和完善。

本系列手册在编写过程中，得到了有关专家和技术人员的大力支持，在此一并表示感谢。

由于时间仓促，缺乏经验，如有不足之处，恳请各使用单位和个人提出宝贵意见和建议。

1+X职业技能鉴定考核指导手册

编审委员会

目　录

CONTENTS　1+X职业技能鉴定考核指导手册

瓜果栽培（专项职业能力）简介 ……………………………………（ 1 ）

第 1 部分　瓜果栽培（专项职业能力）鉴定方案 ………………（ 2 ）

第 2 部分　鉴定要素细目表 ……………………………………（ 4 ）

第 3 部分　理论知识复习题 ……………………………………（ 12 ）

　瓜果栽培基础 ……………………………………………………（ 12 ）

　西瓜栽培技术 ……………………………………………………（ 23 ）

　甜瓜栽培技术 ……………………………………………………（ 31 ）

　草莓栽培技术 ……………………………………………………（ 40 ）

第 4 部分　操作技能复习题 ……………………………………（ 50 ）

　瓜果栽培基础 1 …………………………………………………（ 50 ）

　瓜果栽培基础 2 …………………………………………………（ 50 ）

　西瓜栽培技术 ……………………………………………………（ 72 ）

　甜瓜栽培技术 ……………………………………………………（ 91 ）

　草莓栽培技术 ……………………………………………………（110）

第 5 部分　理论知识考试模拟试卷及参考答案 ………………（131）

第 6 部分　操作技能考核模拟试卷 ……………………………（140）

瓜果栽培（专项职业能力）简介

一、专项职业能力名称

瓜果栽培。

二、专项职业能力定义

从事瓜果作物地块耕整、土壤改良、棚室修造、繁种育苗、栽培管理、收获储藏、产后处理等生产活动的能力。

三、主要工作内容

从事的工作主要包括：（1）对瓜果作物地块土壤进行耕耙、修整和改良；（2）建造、维修、管理温室和塑料棚及其他园艺设施；（3）进行瓜果的选种、引种及良种繁育；（4）进行播种、育苗、定苗、栽插、嫁接等操作；（5）进行施肥、浇水、除草、整枝、插架、绑蔓、病虫害防治等田间管理；（6）采收瓜果产品；（7）对采收的产品进行分级、清洗、整理、包装等初加工；（8）进行瓜果储存及种子的保存；（9）保养、整修用于瓜果作物生产的物资及工具。

第1部分

瓜果栽培（专项职业能力）鉴定方案

一、鉴定方式

瓜果栽培（专项职业能力）的鉴定方式为理论知识考试项目和操作技能考核项目。理论知识考试采用闭卷计算机机考方式，操作技能考核采用现场实际操作方式。鉴定总成绩采用百分制，总成绩达 60 分及以上者为合格。本专项职业能力不设补考。

二、理论知识考试方案（考试时间 45 min）

题型 ＼ 题库参数	考试方式	鉴定题量	分值（分/题）	配分（分）
判断题	闭卷计算机机考	40	1	40
单项选择题		60	1	60
小计	—	100	—	100

三、操作技能考核方案

职业（模块）名称		瓜果栽培		等级	专项职业能力	
序号	考核项目		考核方式	选考方法	考核时间（min）	配分（分）
0	理论知识		机考	必考	45	30
1	瓜果栽培基础 1		操作	必考	25	15
2	瓜果栽培基础 2		操作	必考	25	15
3	西瓜栽培技术		操作	必考	25	20
4	甜瓜栽培技术		操作	二选一	25	20
5	草莓栽培技术		操作		25	20
合计					145	100
备注	理论知识考试卷面配分按 100 分计 考生理论知识考试最终得分＝考试卷面得分×理论知识项目配分/100 操作技能考核项目缺项，总分计为 0 分					

第2部分

鉴定要素细目表

职业（模块）名称				瓜果栽培	等级	专项职业能力
序号	鉴定点代码			鉴定点内容		备注
	章	节	点			
	1			瓜果栽培基础		
	1	1		西瓜基础知识		
1	1	1	1	西瓜植物学特性1：根、茎、叶		
2	1	1	2	西瓜植物学特性2：花		
3	1	1	3	西瓜植物学特性3：果		
4	1	1	4	西瓜生长发育过程1：发芽期、幼苗期		
5	1	1	5	西瓜生长发育过程2：伸蔓期、结果期、采收期		
6	1	1	6	西瓜对环境条件的要求		
7	1	1	7	西瓜优良品种1：小型西瓜		
8	1	1	8	西瓜优良品种2：中型西瓜		
	1	2		甜瓜基础知识		
9	1	2	1	甜瓜植物学特性1：根、茎、叶		
10	1	2	2	甜瓜植物学特性2：花		
11	1	2	3	甜瓜植物学特性3：果		
12	1	2	4	甜瓜生长发育过程1：发芽期、幼苗期、伸蔓期		
13	1	2	5	甜瓜生长发育过程2：结果期、采收期		
14	1	2	6	甜瓜对环境条件的要求		
15	1	2	7	甜瓜优良品种1：薄皮甜瓜		

续表

职业（模块）名称				瓜果栽培	等级	专项职业能力
序号	鉴定点代码			鉴定点内容		备注
	章	节	点			
16	1	2	8	甜瓜优良品种 2：厚皮甜瓜		
	1	3		育苗方式与育苗技术		
17	1	3	1	育苗方式分类		
18	1	3	2	主要育苗方式		
19	1	3	3	播种期确定		
20	1	3	4	营养土配制		
21	1	3	5	营养土消毒和制钵		
22	1	3	6	苗床设置		
23	1	3	7	种子处理		
24	1	3	8	播种		
25	1	3	9	苗床管理		
	1	4		作畦盖膜和定植		
26	1	4	1	田块选择		
27	1	4	2	深耕细作，施足基肥		
28	1	4	3	整地作畦		
29	1	4	4	搭棚和铺地膜		
30	1	4	5	定植时间		
31	1	4	6	定植密度		
	1	5		植物病害基础知识		
32	1	5	1	缺氮		
33	1	5	2	缺磷		
34	1	5	3	缺钾		
35	1	5	4	缺钙		
36	1	5	5	缺镁		
37	1	5	6	缺铁		
38	1	5	7	缺硼		
	1	6		病虫害安全科学防治方法		

职业（模块）名称			瓜果栽培	等级	专项职业能力
序号	鉴定点代码		鉴定点内容		备注
	章	节	点		

序号	章	节	点	鉴定点内容	备注
39	1	6	1	农业防治方法	
40	1	6	2	化学防治 1	
41	1	6	3	化学防治 2	
42	1	6	4	农药配制 1	
43	1	6	5	农药配制 2	
	2			西瓜栽培技术	
	2	1		地膜覆盖栽培技术	
44	2	1	1	整地与作畦	
45	2	1	2	盖膜	
46	2	1	3	施肥	
47	2	1	4	整枝	
48	2	1	5	压蔓	
49	2	1	6	人工授粉	
	2	2		小环棚双膜覆盖栽培技术	
50	2	2	1	小环棚的搭建程序、定植密度	
51	2	2	2	培育壮苗	
52	2	2	3	整地施肥	
53	2	2	4	定植	
54	2	2	5	整枝	
55	2	2	6	理蔓与压蔓	
56	2	2	7	人工授粉	
57	2	2	8	肥水管理	
	2	3		大棚栽培技术	
58	2	3	1	品种选择	
59	2	3	2	播种期	
60	2	3	3	育苗	
61	2	3	4	定植	

职业（模块）名称				瓜果栽培	等级	专项职业能力
序号	鉴定点代码			鉴定点内容		备注
	章	节	点			
62	2	3	5	整枝理蔓		
63	2	3	6	授粉、坐果、疏果		
64	2	3	7	肥水管理		
	2	4		嫁接栽培技术		
65	2	4	1	西瓜嫁接方法1：顶插接法		
66	2	4	2	西瓜嫁接方法2：靠接法		
67	2	4	3	苗床管理1：温度管理		
68	2	4	4	苗床管理2：湿度管理		
69	2	4	5	苗床管理3：光照管理		
70	2	4	6	苗床管理4：通风管理		
71	2	4	7	苗床管理5：嫁接苗处理		
	2	5		西瓜病虫害发生与防治		
72	2	5	1	西瓜枯萎病的危害与防治		
73	2	5	2	西瓜炭疽病的危害与防治		
74	2	5	3	西瓜蔓枯病的危害与防治		
75	2	5	4	西瓜白粉病的危害与防治		
76	2	5	5	西瓜疫病的危害与防治		
77	2	5	6	西瓜病毒病的危害与防治		
78	2	5	7	瓜蚜对西瓜的危害与防治		
79	2	5	8	烟粉虱对西瓜的危害与防治		
80	2	5	9	美洲斑潜蝇对西瓜的危害与防治		
81	2	5	10	瓜螟对西瓜的危害与防治		
82	2	5	11	斜纹夜蛾对西瓜的危害与防治		
83	2	5	12	叶螨对西瓜的危害与防治		
84	2	5	13	小地老虎对西瓜的危害与防治		
	3			甜瓜栽培技术		
	3	1		栽培方式		

续表

职业（模块）名称			瓜果栽培	等级	专项职业能力
序号	鉴定点代码		鉴定点内容		备注
	章	节	点		
85	3	1	1	大棚形式	
86	3	1	2	小环棚形式	
	3	2		栽培技术措施	
87	3	2	1	小环棚栽培的特点	
88	3	2	2	小环棚栽培的功能	
89	3	2	3	小环棚栽培定植前准备	
90	3	2	4	小环棚栽培定植要求	
91	3	2	5	小环棚栽培定植及其管理	
92	3	2	6	小环棚栽培整枝要求	
93	3	2	7	小环棚栽培整枝方法	
94	3	2	8	小环棚栽培整枝后病害预防	
95	3	2	9	小环棚栽培肥水管理	
96	3	2	10	小环棚栽培坐瓜	
97	3	2	11	春季大棚栽培品种选择	
98	3	2	12	春季大棚栽培播种期	
99	3	2	13	春季大棚栽培育苗1：营养土配制	
100	3	2	14	春季大棚栽培育苗2：营养土消毒和制钵	
101	3	2	15	春季大棚栽培育苗3：苗床的设置	
102	3	2	16	春季大棚栽培育苗4：播种	
103	3	2	17	春季大棚栽培育苗5：苗床管理	
104	3	2	18	春季大棚栽培定植前大田准备	
105	3	2	19	春季大棚栽培定植	
106	3	2	20	春季大棚栽培整枝理蔓	
107	3	2	21	春季大棚栽培授粉、坐果、疏果	
108	3	2	22	春季大棚栽培肥水管理	
109	3	2	23	秋季大棚栽培品种选择	
110	3	2	24	秋季大棚栽培播种期	

续表

职业（模块）名称			瓜果栽培	等级	专项职业能力
序号	鉴定点代码		鉴定点内容		备注
	章	节	点		
111	3	2	25	秋季大棚栽培育苗		
112	3	2	26	秋季大棚栽培定植		
113	3	2	27	秋季大棚栽培定植后管理1：合理整枝		
114	3	2	28	秋季大棚栽培定植后管理2：授粉、坐果		
115	3	2	29	秋季大棚栽培定植后管理3：肥水管理		
	3	3		甜瓜病虫害发生与防治		
116	3	3	1	甜瓜蔓枯病的危害与防治		
117	3	3	2	甜瓜白粉病的危害与防治		
118	3	3	3	甜瓜病毒病的危害与防治		
119	3	3	4	甜瓜霜霉病的危害与防治		
120	3	3	5	甜瓜细菌性角斑病的危害与防治		
121	3	3	6	瓜蚜对甜瓜的危害与防治		
122	3	3	7	烟粉虱对甜瓜的危害与防治		
123	3	3	8	美洲斑潜蝇对甜瓜的危害与防治		
124	3	3	9	瓜螟对甜瓜的危害与防治		
125	3	3	10	斜纹夜蛾对甜瓜的危害与防治		
	4			草莓栽培技术		
	4	1		草莓栽培技术基础		
126	4	1	1	草莓繁苗母株的选留		
127	4	1	2	繁苗母株的种植		
128	4	1	3	母株种植后的管理		
129	4	1	4	假植育苗的意义		
130	4	1	5	假植苗床的准备		
131	4	1	6	采苗和假植时期		
132	4	1	7	假植的方法		
133	4	1	8	假植后管理		
134	4	1	9	花芽的着生状态		

续表

职业（模块）名称				瓜果栽培	等级	专项职业能力
序号	鉴定点代码			鉴定点内容		备注
	章	节	点			
135	4	1	10	花芽分化的过程		
136	4	1	11	花芽分化的时期		
137	4	1	12	花芽分化的促进方法		
138	4	1	13	打破草莓苗休眠的条件		
139	4	1	14	打破草莓苗休眠的方法		
	4	2		草莓栽培技术措施		
140	4	2	1	整地要求		
141	4	2	2	露地与地膜栽培的栽培方法与技术		
142	4	2	3	小环棚早熟栽培的意义和目标		
143	4	2	4	小环棚早熟栽培方法与技术		
144	4	2	5	促成栽培的意义和目标		
145	4	2	6	品种选择		
146	4	2	7	培育壮苗（假植育苗）		
147	4	2	8	定植前土地准备		
148	4	2	9	定植时间、密度与方法		
149	4	2	10	定植后管理		
150	4	2	11	覆盖地膜、棚膜		
151	4	2	12	土壤肥水管理		
152	4	2	13	土壤湿度管理		
153	4	2	14	赤霉素处理		
154	4	2	15	养蜂授粉与疏花疏果		
155	4	2	16	采收、运输		
	4	3		草莓病虫害发生与防治		
156	4	3	1	草莓炭疽病的危害与防治		
157	4	3	2	草莓白粉病的危害与防治		
158	4	3	3	草莓灰霉病的危害与防治		
159	4	3	4	草莓病毒病的危害与防治		

职业（模块）名称			瓜果栽培	等级	专项职业能力
序号	鉴定点代码		鉴定点内容		备注
	章	节	点		
160	4	3	5	草莓根腐病的危害与防治	
161	4	3	6	草莓黄萎病的危害与防治	
162	4	3	7	草莓青枯病的危害与防治	
163	4	3	8	蚜虫对草莓的危害与防治	
164	4	3	9	斜纹夜蛾对草莓的危害与防治	
165	4	3	10	小地老虎对草莓的危害与防治	
166	4	3	11	叶螨对草莓的危害与防治	

第3部分
理论知识复习题

瓜果栽培基础

一、判断题（将判断结果填入括号中。正确的填"√"，错误的填"×"）

1. 西瓜的根系属直根系。　　　　　　　　　　　　　　　　　　　　　（　　）

2. 西瓜的花一般为两性花。　　　　　　　　　　　　　　　　　　　　（　　）

3. 西瓜的果实均由子房经受精后发育而成。　　　　　　　　　　　　　（　　）

4. 西瓜的生育周期可划分为发芽期、幼苗期、伸蔓期、结果期和采收期五个时期。（　　）

5. 西瓜从第二朵雌花开花到果实生理成熟，称为结果期。　　　　　　　（　　）

6. 西瓜生长所需的最低温度为10℃。　　　　　　　　　　　　　　　　（　　）

7. 小型西瓜一般是早熟或极早熟品种。　　　　　　　　　　　　　　　（　　）

8. 中型西瓜一般是指单瓜重2.5～10 kg的一类西瓜。　　　　　　　　（　　）

9. 甜瓜的根系属直根系。　　　　　　　　　　　　　　　　　　　　　（　　）

10. 甜瓜属于葫芦科、甜瓜属。　　　　　　　　　　　　　　　　　　（　　）

11. 甜瓜的果实均由子房经受精后发育而成。　　　　　　　　　　　　（　　）

12. 甜瓜的生育周期可划分为发芽期、幼苗期、伸蔓期、结果期和采收期五个时期。

　　　　　　　　　　　　　　　　　　　　　　　　　　　　　　　　（　　）

13. 甜瓜结果期是指从第一结果花开放到果实成熟的一段时间。　　　　（　　）

14. 甜瓜生长所需的最低温度为15℃。　　　　　　　　　　　　　　　（　　）

15. "青皮绿肉"是上海、浙江一带的地方品种，它是薄皮甜瓜。　　　　　（　　）

16. "西薄洛托"是从日本引入的甜瓜品种，它是厚皮甜瓜。　　　　　　（　　）

17. 西瓜、甜瓜的育苗方式，按育苗所用的设施，可以分为常规育苗和工厂化育苗。

　　　　　　　　　　　　　　　　　　　　　　　　　　　　　　　　　　（　　）

18. 子叶苗培育是指培育苗龄 7～10 天、子叶已充分平展的小苗。　　　　（　　）

19. 上海地区特早熟栽培甜瓜的播种期为冬至前后。　　　　　　　　　　（　　）

20. 西瓜春季育苗应采用加温措施。　　　　　　　　　　　　　　　　　（　　）

21. 营养土消毒一般按每 500 kg 营养土加 50％敌克松可湿性粉剂 40～50 g，并充分拌和均匀。　　　　　　　　　　　　　　　　　　　　　　　　　　　　　　（　　）

22. 瓜类种子浸种是为了缩短发芽时间和出苗时间。　　　　　　　　　　（　　）

23. 播种前营养钵内的土不需要浇水。　　　　　　　　　　　　　　　　（　　）

24. 夏季育苗的苗龄为 35 天左右。　　　　　　　　　　　　　　　　　（　　）

25. 西瓜、甜瓜栽培可选低洼地。　　　　　　　　　　　　　　　　　　（　　）

26. 施用农家肥料、有机肥料不仅能增加土壤肥力，还能改善土质。　　　（　　）

27. 上海地区西瓜冬春大棚早熟栽培的适宜播种期为 1 月下旬至 2 月上旬。（　　）

28. 大棚西瓜种植密度高的采用三蔓整枝，种植密度低的采用双蔓整枝。（　　）

29. 小环棚西瓜准备定植的瓜苗必须在定植前一周进行低温炼苗。　　　（　　）

30. 上海地区西瓜冬春大棚早熟栽培的定植密度应根据不同的栽培方式确定。（　　）

31. 氮是蛋白质、核酸、原生质、叶绿素、酶等生命物质的重要成分，是一切生命活动的重要物质基础。　　　　　　　　　　　　　　　　　　　　　　　　　　　（　　）

32. 磷的作用是能在最大程度上影响甜瓜果实中糖分的积累。　　　　　（　　）

33. 钾对提高甜瓜产量、品质和抗病性具有很好的促进作用。　　　　　（　　）

34. 甜瓜植株缺钙的应急措施是用过磷酸钙水溶液浇施。　　　　　　　（　　）

35. 镁是叶绿素形成所必须具备的重要元素。　　　　　　　　　　　　（　　）

36. 西瓜缺铁时，植株的新叶叶脉将全部黄化。　　　　　　　　　　　（　　）

37. 缺硼症状主要表现为生长点附近的节间显著拉长。　　　　　　　　（　　）

38. 瓜果生产一般旱地轮作周期为 2～3 年。　　　　　　　　　　　　（　　）

39. 病虫害防治应贯彻"预防为主，综合防治"的原则。 （ ）

40. 剧毒农药的致死中量（经口毒性）为 5～50 mg/kg。 （ ）

41. 商品农药的标签和说明书中一般均标明了制剂的有效成分含量和单位面积上有效成分用量。 （ ）

42. 农药合理混用应遵循混合用的农药不能起化学变化的原则。 （ ）

二、单项选择题（选择一个正确的答案，将相应的字母填入题内的括号中）

1. 西瓜的根系由（ ）、侧根和根毛组成。

    A. 须根   B. 主根   C. 不定根   D. 气生根

2. 西瓜的营养器官通常是指（ ）。

    A. 根、茎、叶、花   B. 根、茎、花

    C. 根、茎   D. 根、茎、叶

3. 西瓜的茎 5～7 节后为（ ）。

    A. 匍匐茎   B. 直立茎   C. 根状茎   D. 地下茎

4. 植物的生殖器官通常是指（ ）。

    A. 花、果、种子   B. 根、茎、叶   C. 果、种子、叶   D. 茎、叶、花

5. 西瓜的花一般为（ ）。

    A. 两性花   B. 雌雄同株异花   C. 雌雄同花   D. 单性株

6. 西瓜的果实由果皮、（ ）和种子三部分组成。

    A. 果肉   B. 果乳   C. 果核   D. 果浆

7. 中果型西瓜品种单果重多为（ ）kg。

    A. 1   B. 2   C. 2.5～10   D. 大于 11

8. 西瓜授粉后（ ）天是果实体积增大的主要时期，体积增量占总体积的 90% 左右。

    A. 4～5   B. 6～15   C. 20～25   D. 30～40

9. 幼苗期是西瓜的第（ ）生育阶段。

    A. 1   B. 2   C. 3   D. 4

10. 西瓜从第 1 片真叶显露到团棵，即长出（ ）片真叶，称为幼苗期。

    A. 2   B. 3～4   C. 5～6   D. 7～8

11. 发芽期是西瓜的第（　　　）生育阶段。

    A. 1　　　　　　　　B. 2　　　　　　　　C. 3　　　　　　　　D. 4

12. 在 20~25℃适宜温度条件下，西瓜伸蔓期需要（　　　）天。

    A. 15~17　　　　　　B. 18~20　　　　　　C. 25~30　　　　　　D. 30~35

13. 在 25~30℃适宜温度条件下，西瓜结果期需要（　　　）天。

    A. 18~20　　　　　　B. 20~27　　　　　　C. 28~40　　　　　　D. 41~50

14. 西瓜从团棵到主蔓（　　　）雌花开花为伸蔓期。

    A. 第一朵　　　　　　B. 第二朵　　　　　　C. 第三朵　　　　　　D. 第四朵

15. 西瓜生长所需的适宜温度为（　　　）℃。

    A. 15~25　　　　　　B. 18~32　　　　　　C. 25~40　　　　　　D. 30~45

16. 西瓜发芽期的适宜温度为（　　　）℃。

    A. 22~25　　　　　　B. 25~28　　　　　　C. 28~30　　　　　　D. 35~40

17. 西瓜伸蔓期的适宜温度为（　　　）℃。

    A. 22~25　　　　　　B. 25~28　　　　　　C. 28~30　　　　　　D. 35~40

18. "春光""早春红玉"属于（　　　）西瓜。

    A. 特大型　　　　　　B. 大型　　　　　　　C. 中型　　　　　　　D. 小型

19. 上海地区小型西瓜一般采用（　　　）栽培。

    A. 露地　　　　　　　B. 地膜　　　　　　　C. 小环棚　　　　　　D. 大棚

20. "（　　　）"是黄瓤西瓜品种。

    A. 特小凤　　　　　　B. 春光　　　　　　　C. 早佳　　　　　　　D. 早春红玉

21. "早佳（8424）""京欣 1 号"属于（　　　）西瓜。

    A. 特大型　　　　　　B. 大型　　　　　　　C. 中型　　　　　　　D. 小型

22. 8424 就是"（　　　）"西瓜。

    A. 特小凤　　　　　　B. 春光　　　　　　　C. 早佳　　　　　　　D. 早春红玉

23. 甜瓜属于（　　　）蔓性草本植物。

    A. 多年生　　　　　　B. 一年生　　　　　　C. 两年生　　　　　　D. 三年生

24. 甜瓜的营养器官通常是指（　　　）。

    A. 根、茎、叶、花　　　　　　　　B. 根、茎、花

    C. 根、茎　　　　　　　　　　　　D. 根、茎、叶

25. 甜瓜根群主要分布在地下（　　）cm 的表层土壤中。

    A. 0～5　　　　　B. 5～10　　　　　C. 10～30　　　　D. 30～50

26. 甜瓜的生殖器官通常是指（　　）。

    A. 花、果、种子　　　　　　　　　B. 根、茎、叶

    C. 果、种子、叶　　　　　　　　　D. 茎、叶、花

27. 甜瓜是（　　）植物。

    A. 纯雌花　　　　B. 纯雄花　　　　C. 雌雄异花同株　　D. 雌雄同花同株

28. 甜瓜的果实为（　　）。

    A. 坚果　　　　　B. 瓠果　　　　　C. 浆果　　　　　D. 杂果

29. 甜瓜的果实由果皮、（　　）和种子三部分组成。

    A. 果肉　　　　　B. 果乳　　　　　C. 果核　　　　　D. 果浆

30. 幼苗期是甜瓜的第（　　）生育阶段。

    A. 1　　　　　　B. 2　　　　　　C. 3　　　　　　D. 4

31. 甜瓜从第 1 片真叶显露到第（　　）片真叶出现，称为幼苗期。

    A. 3　　　　　　B. 4　　　　　　C. 5　　　　　　D. 7

32. 在适宜温度条件下，甜瓜幼苗期需要（　　）天。

    A. 15～20　　　　B. 20～25　　　　C. 25～30　　　　D. 30～35

33. 在 20～25℃适宜温度条件下，甜瓜伸蔓期需要（　　）天。

    A. 15～20　　　　B. 20～25　　　　C. 25～30　　　　D. 30～35

34. 甜瓜生长所需的最低温度为（　　）℃。

    A. 5　　　　　　B. 10　　　　　　C. 15　　　　　　D. 20

35. 甜瓜生长所需的适宜温度为（　　）℃。

    A. 15～25　　　　B. 18～32　　　　C. 25～35　　　　D. 30～40

36. 甜瓜幼苗期适宜温度为（　　）℃。

    A. 20～25　　　　B. 25～30　　　　C. 30～35　　　　D. 35～40

37. 适于甜瓜根系生长的土壤 pH 为（　　　）。

　　A. 4～5　　　　　B. 5～6　　　　　C. 6～7　　　　　D. 8～10

38. 甜瓜是（　　　）植物。

　　A. 禾本科　　　　B. 茄科　　　　　C. 蔷薇科　　　　D. 葫芦科

39. 一般甜瓜大量出苗所需的有效积温为（　　　）℃左右。

　　A. 20　　　　　　B. 50　　　　　　C. 70　　　　　　D. 100

40. "海冬青"是上海、浙江一带的地方品种，它是（　　　）。

　　A. 网纹甜瓜　　　B. 薄皮甜瓜　　　C. 厚皮甜瓜　　　D. 哈密瓜

41. 大棚设施栽培条件下，"西薄洛托""玉姑"等厚皮甜瓜一般的中心折光糖含量均在（　　　）%以上。

　　A. 10　　　　　　B. 12　　　　　　C. 14　　　　　　D. 16

42. "（　　　）"是厚皮甜瓜品种。

　　A. 亭林雪瓜　　　B. 华蜜 0526　　　C. 十条筋黄金瓜　　D. 海冬青

43. "（　　　）"是厚皮甜瓜品种。

　　A. 青皮绿肉　　　B. 玉姑　　　　　C. 20 世纪　　　　D. 齐贤蜜瓜

44. 按育苗所用的设施，西瓜、甜瓜的育苗方式可以分为（　　　）育苗和工厂化育苗。

　　A. 大棚　　　　　B. 常规　　　　　C. 温室　　　　　D. 露地

45. 冷床是保温苗床，热量来源主要是（　　　）。

　　A. 肥料　　　　　B. 床土　　　　　C. 浇水　　　　　D. 阳光

46. 温床是人工加温的苗床，上海地区冬、春育苗多采用（　　　）加温。

　　A. 阳光　　　　　B. 酿热物　　　　C. 热蒸汽　　　　D. 电热线

47. 子叶苗培育是指培育苗龄（　　　）天、子叶已充分平展的小苗。

　　A. 3～5　　　　　B. 7～10　　　　　C. 10～15　　　　D. 15～20

48. 小苗带土育苗是指培育具有（　　　）片真叶、苗龄 20～25 天的健壮小苗。

　　A. 1　　　　　　B. 1～2　　　　　C. 2～3　　　　　D. 3～4

49. 育苗营养土最好选择（　　　）。

　　A. 瓜地土　　　　B. 稻田土　　　　C. 蔬菜田土　　　　D. 黏土

50. 营养土消毒一般在播种前（　　）天进行。

    A. 1～2　　　　　　　B. 3～5　　　　　　　C. 7～10　　　　　　D. 30

51. 上海地区西瓜大棚地爬式早熟栽培的最佳播种期一般为（　　）。

    A. 12月　　　　　　　　　　　　　　　　　B. 1月上中旬

    C. 1月下旬至2月初　　　　　　　　　　　D. 3月

52. 播种后到幼苗出土阶段的管理重点是（　　）。

    A. 光照　　　　　　　B. 水分　　　　　　　C. 肥料　　　　　　　D. 温度

53. 育苗营养土的基本组成是（　　）。

    A. 化肥、细土、疏松剂　　　　　　　　　B. 腐熟有机肥、细土、疏松剂

    C. 细土、疏松剂、杀菌剂　　　　　　　　D. 化肥、细土、杀菌剂

54. 育苗营养土的主要组成部分是（　　）。

    A. 土　　　　　　　　　　　　　　　　　　B. 床土、腐熟有机肥、疏松基质

    C. 有机肥和砻糠　　　　　　　　　　　　D. 床土和化肥

55. 播种后覆土太厚会造成（　　）。

    A. 不出苗　　　　　　B. 翻根　　　　　　　C. 出苗后烂苗　　　　D. 徒长

56. 无籽西瓜的催芽温度为（　　）℃。

    A. 15～20　　　　　　B. 20～25　　　　　　C. 28～30　　　　　　D. 32～35

57. 无籽西瓜的破壳处理会（　　）。

    A. 降低发芽率　　　　B. 提高发芽率　　　　C. 增加产量　　　　　D. 降低产量

58. 西瓜温水浸种时间一般为（　　）h。

    A. 0.5　　　　　　　　B. 2　　　　　　　　　C. 5　　　　　　　　　D. 20

59. 播种后营养钵上盖一层地膜主要是为了（　　）。

    A. 保湿　　　　　　　B. 保肥　　　　　　　C. 防病　　　　　　　D. 防虫

60. 在育苗床的准备中，电加温线的功率设置一般为（　　）W/m²。

    A. 200　　　　　　　　B. 1 000　　　　　　　C. 70　　　　　　　　D. 500

61. 西瓜温床育苗从播种后至出苗前的床温应保持白天（　　）℃、夜间18～20℃，以确保正常齐苗。

　　A. 20～22　　　　　B. 25～28　　　　　C. 28～32　　　　　D. 35～38

62. 西瓜温床育苗出苗后至第一片真叶展开期间的床温应（　　　）。

　　A. 适当提高　　　B. 不变　　　　　　C. 适当降低　　　D. 较大幅度提高

63. 西瓜温床育苗出苗后至第一片真叶展开期间的床温应保持白天（　　　）℃、夜间 15～16℃。

　　A. 20～22　　　　　B. 25～28　　　　　C. 28～32　　　　　D. 35～38

64. 种植西瓜田块的土地翻耕深度要求为（　　　）cm。

　　A. 10～15　　　　　B. 15～20　　　　　C. 20～25　　　　　D. 25～30

65. 西瓜地膜覆盖栽培一般（　　　）畦向有利于保温和增加光照。

　　A. 东西　　　　　　B. 南北　　　　　　C. 环形　　　　　　D. 任意

66. （　　　）不是目前我国西瓜生产的主要栽培方式。

　　A. 地膜覆盖栽培　　　　　　　　　　B. 小环棚双膜覆盖栽培

　　C. 大棚栽培　　　　　　　　　　　　D. 水培

67. 下列选项中不属于土壤熟化方法的是（　　　）。

　　A. 增加有机肥　　　　　　　　　　　B. 种植绿肥

　　C. 增加化肥用量　　　　　　　　　　D. 合理进行土壤耕作

68. 下列肥料中（　　　）是有机肥。

　　A. 饼肥　　　　　　B. 复合肥　　　　　C. 氮肥　　　　　　D. 钾肥

69. 上海地区西瓜冬春大棚早熟栽培的田块翻耕深度应达到（　　　）cm 左右。

　　A. 10　　　　　　　B. 15　　　　　　　C. 20　　　　　　　D. 30

70. 上海地区西瓜冬春大棚早熟栽培一般 5～6m 的大棚作（　　　）。

　　A. 一畦　　　　　　B. 二畦　　　　　　C. 三畦　　　　　　D. 四畦

71. 上海地区西瓜大棚早熟栽培一般作畦高（　　　）cm。

　　A. 10　　　　　　　B. 15　　　　　　　C. 20　　　　　　　D. 25～30

72. 上海地区西瓜大棚栽培的大棚高度一般为（　　　）m。

　　A. 1.2～1.5　　　　B. 1.5～1.8　　　　C. 2～2.7　　　　　D. 3.5～4

73. 上海地区西瓜大棚早熟栽培定植前（　　　）天，应搭好棚和铺好地膜。

    A. 1～2   B. 3～4   C. 5～14   D. 15～20

74. 小环棚栽培一般用作（　　）栽培。

    A. 春季   B. 夏季   C. 秋季   D. 全年

75. 春季小环棚栽培定植期的天气应选择（　　）。

    A. 阴天   B. 晴天   C. 雨天   D. 任何天气

76. 上海地区西瓜大棚早熟栽培一般在（　　）定植。

    A. 1月上旬至1月中旬   B. 1月下旬至2月上旬

    C. 2月中旬   D. 2月下旬至3月上旬

77. 大棚地爬式二蔓整枝栽培的中小型西瓜一般每亩栽（　　）株。

    A. 300   B. 500   C. 600   D. 1 000

78. 大棚地爬式三蔓整枝栽培的中小型西瓜一般每亩栽（　　）株。

    A. 300   B. 450   C. 750   D. 1 000

79. 缺氮症状主要表现为从下位叶到上位叶逐渐（　　）。

    A. 变红   B. 变黄   C. 变灰   D. 变白

80. 在出现缺氮症状时，可施用（　　）等肥料。

    A. 磷酸二氢钾   B. 过磷酸钙   C. 硫酸钾   D. 尿素

81. 植株缺氮后，可施用（　　）。

    A. 硫酸钾   B. 过磷酸钙   C. 硫酸铁   D. 尿素

82. 缺磷的叶部主要特征为（　　）。

    A. 叶色浓绿硬化   B. 叶片逐渐变黄

    C. 叶片腐烂   D. 节间缩短

83. 在发现即将种植甜瓜的田块有缺磷情况时，基肥可增施（　　）等肥料。

    A. 尿素   B. 过磷酸钙   C. 硫酸铁   D. 碳酸氢铵

84. 在出现缺磷症状时，可施用（　　）等肥料。

    A. 尿素   B. 硫酸铁   C. 磷酸二氢钾   D. 碳酸氢铵

85. 缺钾的叶部主要特征为（　　）。

    A. 退绿   B. 叶片腐烂

C. 叶缘黄化、枯死反卷　　　　　　D. 植株矮小

86. 在甜瓜生长的中、后期出现缺钾症状时，可施用（　　）等肥料。

　　A. 尿素　　　　　B. 硫酸铁　　　C. 磷酸二氢钾　　D. 碳酸氢铵

87. 缺钙的叶部主要特征为（　　）。

　　A. 叶色浓绿硬化　　　　　　　　B. 叶变成褐色

　　C. 坏死　　　　　　　　　　　　D. 近生长点叶片变小、叶缘枯死

88. 缺钙的应急措施是施用（　　）水溶液。

　　A. 磷酸二氢钾　　B. 过磷酸钙　　C. 硫酸钾　　　　D. 碳酸氢铵

89. 钙是（　　）的重要成分。

　　A. 细胞核　　　　　　　　　　　B. 细胞膜、细胞壁

　　C. 液泡　　　　　　　　　　　　D. 细胞质

90. 缺镁将影响叶绿素形成，导致叶片（　　）。

　　A. 红化　　　　　B. 白化　　　　C. 紫化　　　　　D. 黄化

91. 缺镁的应急措施是用（　　）水溶液喷洒叶面。

　　A. 硫酸钾　　　　B. 硫酸镁　　　C. 磷酸二氢钾　　D. 尿素

92. 西瓜缺铁时，植株的新叶叶脉将（　　）黄化。

　　A. 全部　　　　　B. 大部分　　　C. 有一半　　　　D. 少量

93. 缺铁的应急措施是用（　　）水溶液喷洒叶面。

　　A. 硫酸钾　　　　B. 硫酸镁　　　C. 硫酸亚铁　　　D. 尿素

94. 缺硼症状主要表现为生长点附近的节间（　　）。

　　A. 显著拉长　　　B. 显著缩短　　C. 正常生长　　　D. 无法判断

95. 缺硼时，应急措施是用（　　）水溶液喷洒叶面。

　　A. 硫酸钾　　　　B. 硫酸镁　　　C. 硼砂或硼酸　　D. 尿素

96. 瓜果生产一般水旱轮作周期为（　　）年。

　　A. 1～2　　　　　B. 2～3　　　　C. 3～4　　　　　D. 5～6

97. 瓜果病虫害防治应贯彻（　　）的原则。

　　A. 预防为主、综合防治　　　　　B. 确定播种期

      C. 培育壮苗   D. 合理密植

98. 选用农药时应优先选用生物农药及（　　）。

      A. 高效农药   B. 低毒农药

      C. 低残留农药   D. 高效、低毒、低残留农药

99. 使用农药时，必须严格遵守国家制定的（　　）。

      A. 农药登记制度

      B.《农药安全使用标准》和《农药合理使用准则》

      C. 生产许可制度

      D. 执行标准号

100. 瓜果上使用的农药必须具备国家颁发的"三证"，即（　　）、生产许可证或生产批准证和执行标准号。

      A. 农药登记证   B. 农药安全使用证

      C. 食品卫生许可证   D. 环保许可证

101. 农药安全间隔期是指（　　）施药之间的时间。

      A. 收获与最后一次   B. 两次

      C. 瓜果收获前最后两次   D. 第一次和第二次

102. 农药进入人体有三种途径，即（　　）、经口和吸入。

      A. 经手   B. 经皮   C. 经耳   D. 经鼻

103. 施用农药时，人要站在（　　）。

      A. 上风处   B. 下风处

      C. 以上两种都可以   D. 以上两种都不可以

104. 田间混用的农药物理性状应（　　）。

      A. 可以发生变化   B. 发生一定变化

      C. 保持不变   D. 无法判断

105. 如果两种农药混合后（　　），这样的农药不能混用。

      A. 无分层   B. 产生絮结

      C. 无沉淀   D. 无化学变化

西瓜栽培技术

一、判断题（将判断结果填入括号中。正确的填"√"，错误的填"×"）

1. 西瓜地膜覆盖栽培是在普通栽培的基础上，在地面覆盖一层农用塑料薄膜。（　　）

2. 西瓜地膜覆盖栽培可以促进西瓜植株根系生长，使生育期提前，使西瓜提早成熟。
（　　）

3. 在施足底肥的基础上，还应根据土壤肥力状况和西瓜吸肥规律进行适时追肥。（　　）

4. 目前，西瓜生产上四蔓整枝应用较广泛。（　　）

5. 对于西瓜地膜覆盖栽培，生产上不必压蔓。（　　）

6. 地膜覆盖栽培西瓜的开花初期，由于气温低、昆虫活动少，故早期进行人工授粉是高产的技术关键。（　　）

7. 小环棚搭建程序为：土地耕翻→整平→施肥和作畦→铺地膜→打洞定植→插竹片→覆盖小环棚塑料薄膜。（　　）

8. 西瓜小环棚双膜覆盖栽培有利于西瓜提早成熟，达到增产增收的目的。（　　）

9. 西瓜、甜瓜栽培可选低洼地。（　　）

10. 准备定植的小环棚西瓜瓜苗必须在定植前一周进行低温炼苗。（　　）

11. 小环棚栽培瓜果不用整枝。（　　）

12. 小环棚栽培西瓜的理蔓与压蔓应在阴天进行，以降低损伤。（　　）

13. 小环棚栽培西瓜的开花初期，由于气温低、昆虫活动少，故早期进行人工授粉是高产的技术关键。（　　）

14. 对于基肥充足的田块，小环棚西瓜原则上坐果前要追肥。（　　）

15. 小型西瓜一般用"早春红玉"品种做春季大棚栽培。（　　）

16. 上海地区西瓜大棚栽培方式主要可分为春季大棚栽培、长季节大棚栽培和秋季大棚栽培三种。（　　）

17. 西瓜春季大棚栽培有利于西瓜提早成熟，达到增产增收的目的。（　　）

18. 春季大棚栽培是目前上海地区中小型西瓜的主要栽培方式。（　　）

19. 生产上常会遇到一些大棚西瓜因长势过旺而造成坐果困难的现象，在整枝时可采用"去强留弱"的大整枝方法。（　　）

20. 西瓜春季大棚栽培的引蔓工作应在下午进行，此时西瓜茎叶不易折断。（　　）

21. 上海地区西瓜春季大棚栽培定植后一个月内小棚和大棚一般不通风。（　　）

22. 目前，我国西瓜生产上主要推广的嫁接方法是顶插接法。（　　）

23. 西瓜嫁接栽培是当前预防西瓜枯萎病行之有效的办法。（　　）

24. 嫁接苗伤口愈合的适宜温度为 33～35℃。（　　）

25. 嫁接苗在愈合以前，苗床空气相对湿度应保持在 75% 左右。（　　）

26. 嫁接苗在嫁接后要经过 7～10 天的遮光处理。（　　）

27. 嫁接苗在愈合以前，如发现棚内接穗出现萎蔫，要及时向棚内空气中喷水。（　　）

28. 砧木子叶间长出的腋芽要及时抹除，以免影响接穗生长。（　　）

29. 西瓜枯萎病又称蔓割病，是目前西瓜生产上主要的病害之一。（　　）

30. 西瓜炭疽病是气传病害。（　　）

31. 西瓜蔓枯病是西瓜的常见病害。（　　）

32. 西瓜白粉病不是土传病害。（　　）

33. 西瓜疫病不是土传病害。（　　）

34. 西瓜病毒病是西瓜生产上的一种重要病害，发生比较普遍，严重影响西瓜的产量和品质。（　　）

35. 瓜蚜若蚜的体色是黑色的。（　　）

36. 烟粉虱与瓜蚜同属同翅目害虫。（　　）

37. 瓜螟又称瓜绢螟、瓜野螟，属鳞翅目螟蛾科害虫。（　　）

二、单项选择题（选择一个正确的答案，将相应的字母填入题内的括号中）

1. 种植西瓜田块的土地翻耕深度要求为（　　）cm。

　　A. 10～15　　　　　B. 15～20　　　　　C. 20～25　　　　　D. 25～30

2. 下列选项中（　　）不是目前我国西瓜生产上的主要栽培方式。

　　A. 地膜覆盖栽培　　　　　　　　B. 小环棚双膜覆盖栽培

　　C. 大棚栽培　　　　　　　　　　D. 水培

3. 地膜具有增温、（　　）等作用。

    A. 保湿   B. 保温   C. 保墒   D. 防虫

4. 西瓜地膜覆盖栽培过程中，为提高地温、促进缓苗，最好在定植前（　　）天覆盖地膜。

    A. 1～2   B. 3～5   C. 5～7   D. 15～20

5. 西瓜中后期追肥要氮、磷、钾肥配合，并注意增施（　　）。

    A. 氮、钾肥   B. 磷、钾肥   C. 氮、磷肥   D. 氮肥

6. 西瓜追肥一般分三次，其中不包括（　　）。

    A. 提苗肥   B. 伸蔓肥   C. 坐果肥   D. 膨瓜肥

7. 目前，西瓜生产上双蔓整枝和（　　）整枝应用较广泛。

    A. 单蔓   B. 三蔓   C. 四蔓   D. 五蔓

8. 地膜覆盖栽培西瓜应选择（　　）坐瓜。

    A. 第一朵雌花   B. 第二至第三朵雌花

    C. 第四朵雌花   D. 第五朵雌花

9. 由于地膜覆盖栽培的地表光滑，更易受大风危害，因此可将瓜蔓盘在地膜表面上进行（　　）。

    A. 单蔓整枝   B. 五蔓整枝   C. 四蔓整枝   D. 压蔓

10. 地膜覆盖栽培西瓜可将瓜蔓盘在地膜表面，并用（　　）或用扭成"U"形的枝条夹持着瓜蔓倒插入瓜畦，将瓜蔓固定在地膜表面。

    A. 风吹   B. 湿土压蔓   C. 干土压蔓   D. 五蔓整枝

11. 地膜覆盖栽培西瓜的人工授粉时间为开花当日（　　）。

    A. 5：00—6：00   B. 7：00—9：00

    C. 11：00—12：00   D. 15：00—16：00

12. 小环棚育苗的幼苗在苗床中的生长时间，约占西瓜整个生育期的（　　）。

    A. 二分之一   B. 三分之一   C. 四分之一   D. 五分之一

13. 小环棚西瓜单行定植的每亩种植（　　）株。

    A. 300   B. 500   C. 800   D. 1 000

14. 上海地区小环棚西瓜的播种期不应晚于（　　）月底。

　　A. 1　　　　　　B. 2　　　　　　C. 3　　　　　　D. 4

15. 西瓜小环棚栽培一般采用的整枝方法为（　　）和三蔓整枝。

　　A. 单蔓整枝　　B. 不整枝　　　C. 四蔓整枝　　D. 双蔓整枝

16. 下列肥料中（　　）是有机肥。

　　A. 饼肥　　　　B. 复合肥　　　C. 氮肥　　　　D. 钾肥

17. 小环棚栽培一般用作（　　）栽培。

　　A. 春季　　　　B. 夏季　　　　C. 秋季　　　　D. 全年

18. 春季小环棚栽培定植期的天气应选择（　　）。

　　A. 阴天　　　　B. 晴天　　　　C. 雨天　　　　D. 任何天气

19. 小环棚西瓜整枝应在（　　）田间露水干后进行。

　　A. 清晨　　　　B. 上午　　　　C. 下午　　　　D. 全天

20. 西瓜小环棚栽培的种植方式有（　　）种植或单行种植。

　　A. 四行　　　　B. 五行　　　　C. 双行　　　　D. 三行

21. 小环棚西瓜整枝后应喷一次（　　）。

　　A. 农药　　　　B. 杀虫剂　　　C. 杀菌剂　　　D. 以上皆不对

22. 小环棚西瓜整枝后应喷一次杀菌剂，如（　　）。

　　A. 百菌清　　　B. 安打　　　　C. 乙烯利　　　D. 杀虫素

23. 小环棚栽培西瓜应选择（　　）雌花坐瓜。

　　A. 第一朵　　　　　　　　　　　B. 第二至第三朵

　　C. 第四朵　　　　　　　　　　　D. 第五朵

24. （　　）整枝和三蔓整枝是目前上海地区地膜覆盖栽培西瓜生产上普遍应用的整枝方式。

　　A. 单蔓　　　　B. 双蔓　　　　C. 四蔓　　　　D. 五蔓

25. 小环棚西瓜一般选留主蔓上（　　）节位的瓜，这样最有利于丰产。

　　A. 第一朵雌花　　B. 第二朵雌花　　C. 第三朵雌花　　D. 第四朵雌花

26. 当幼瓜长到鸡蛋大小时，就要及时追施（　　）。

A. 提苗肥　　　　B. 伸蔓肥　　　　C. 坐果肥　　　　D. 膨瓜肥

27. 上海地区小型西瓜一般采用（　　）栽培。

A. 露地　　　　B. 地膜　　　　C. 小环棚　　　　D. 大棚

28. 西瓜品种 8424 就是"（　　）"。

A. 特小凤　　　　B. 春光　　　　C. 早佳　　　　D. 早春红玉

29. 上海地区西瓜春季大棚栽培的适宜播种期为（　　）。

A. 12 月中旬至 12 月下旬　　　　　　B. 1 月上旬至 1 月中旬

C. 1 月下旬至 2 月上旬　　　　　　　D. 2 月下旬至 3 月上旬

30. 上海地区西瓜春季大棚栽培常采用（　　）覆盖技术。

A. 单膜　　　　B. 双膜　　　　C. 三膜　　　　D. 四膜

31. 上海地区春季大棚栽培播种期不应晚于（　　）月底。

A. 1　　　　B. 2　　　　C. 3　　　　D. 4

32. 西瓜春季大棚栽培一般采用的整枝方法为（　　）和三蔓整枝。

A. 单蔓整枝　　　　B. 不整枝　　　　C. 四蔓整枝　　　　D. 双蔓整枝

33. 上海地区西瓜春季大棚栽培一般在（　　）即行翻耕。

A. 秋季水稻收获后　　　　　　　　B. 西瓜定植前 15 天

C. 西瓜定植前 10 天　　　　　　　　D. 西瓜定植前 5 天

34. 上海地区西瓜春季大棚栽培一般 5～6 m 的大棚作（　　）。

A. 一畦　　　　B. 二畦　　　　C. 三畦　　　　D. 四畦

35. 大棚西瓜瓜蔓的引蔓工作应在（　　）进行，此时西瓜茎叶不易折断。

A. 清晨　　　　B. 上午　　　　C. 下午　　　　D. 全天

36. 西瓜大棚栽培瓜蔓长至（　　）cm 时，要进行理蔓。

A. 10～20　　　　B. 20～30　　　　C. 30～50　　　　D. 50～60

37. 大棚西瓜原则上坐果前（　　）。

A. 浇一次水　　　　B. 浇两次水　　　　C. 浇三次水　　　　D. 不浇水

38. 大棚小西瓜一般以选留主蔓上（　　）雌花节位的瓜最有利于丰产。

A. 第一朵　　　　B. 第二朵　　　　C. 第三朵　　　　D. 第四朵

39. 大棚西瓜追肥时和追肥后（   ）天要加大通风，防止氨气灼伤茎叶。

    A. 2～3   B. 5～7   C. 7～10   D. 10～12

40. 大棚西瓜水分管理应根据（   ）等灵活掌握。

    A. 苗情   B. 气温   C. 光照时间   D. 有机肥

41. 下列选项中不属于西瓜嫁接方法的是（   ）。

    A. 靠接法   B. 插接法   C. 劈接法   D. 对接法

42. 西瓜嫁接栽培是当前预防西瓜（   ）行之有效的办法。

    A. 枯萎病   B. 病毒病   C. 疫病   D. 蔓枯病

43. 春季大棚育苗的嫁接苗从砧木播种到嫁接一般需要（   ）天。

    A. 5～7   B. 7～10   C. 15～20   D. 25～30

44. （   ）需要在嫁接成活后切除接穗根部。

    A. 靠接法   B. 插接法   C. 劈接法   D. 对接法

45. 靠接法要求嫁接砧木和接穗的大小对比情况为：（   ）。

    A. 砧木大、接穗小   B. 砧木小、接穗大

    C. 大小相近   D. 以上都可以

46. 嫁接苗伤口愈合的适宜温度为（   ）℃。

    A. 22～25   B. 26～29   C. 30～32   D. 33～35

47. 通常对于刚刚嫁接的苗，白天环境温度应保持在（   ）℃。

    A. 22～24   B. 25～26   C. 30～32   D. 33～35

48. 嫁接苗愈合以前，苗床空气相对湿度应保持在（   ）以上。

    A. 65%   B. 75%   C. 85%   D. 95%

49. 嫁接苗愈合以前，如发现棚内接穗出现萎蔫，要及时进行棚内（   ）。

    A. 通风   B. 遮光处理   C. 浇水   D. 喷水

50. 嫁接苗在嫁接后的前（   ）天要遮住全部阳光，但仍要保持小环棚内有散射亮光。

    A. 1   B. 3   C. 5   D. 7

51. 嫁接苗在嫁接后要经过（   ）天的遮光处理。

    A. 1～2   B. 3～4   C. 5～6   D. 7～10

52. 为了避免嫁接苗徒长，嫁接后6～7天应增加（   ）。

    A. 苗床湿度   B. 通风时间   C. 光照   D. 温度

53. 砧木子叶间长出的腋芽要（   ）。

    A. 保留   B. 及时抹除   C. 随意保留   D. 及时连同子叶去除

54. 西瓜枯萎病属（   ）病害。

    A. 真菌性   B. 细菌性   C. 病毒性   D. 生理性

55. 西瓜枯萎病成株期发病时，如病势发展缓慢，瓜蔓表现为（   ）。

    A. 上午萎垂，下午可恢复正常   B. 中午萎垂，早晚可恢复正常

    C. 早晚萎垂，中午可恢复正常   D. 无法判断

56. 剖视发生西瓜枯萎病的病蔓，可见维管束变为（   ）。

    A. 白色   B. 红色   C. 褐色   D. 本色

57. 西瓜炭疽病属（   ）病害。

    A. 真菌性   B. 细菌性   C. 病毒性   D. 生理性

58. 西瓜炭疽病自苗期到成株期都会发生，以（   ）危害较重。

    A. 幼苗期   B. 五叶期前   C. 伸蔓前期   D. 生长中后期

59. 西瓜在（   ）不会发生西瓜炭疽病。

    A. 发芽期   B. 幼苗期   C. 伸蔓期   D. 结果期

60. 西瓜蔓枯病属（   ）病害。

    A. 真菌性   B. 细菌性   C. 病毒性   D. 生理性

61. 西瓜蔓枯病主要发生在（   ）上。

    A. 叶片   B. 茎蔓   C. 根系   D. 果实

62. 剖视发生西瓜蔓枯病的病蔓，其维管束变为（   ）。

    A. 白色   B. 红色   C. 褐色   D. 不变色

63. 西瓜白粉病属（   ）病害。

    A. 种传   B. 土传   C. 气传   D. 水传

64. 西瓜白粉病主要危害（   ）。

      A. 叶片　　　　　　B. 茎蔓　　　　　　C. 根系　　　　　　D. 果实

65. 白粉病菌是一类比较耐（　　）的真菌。

      A. 低温　　　　　　B. 高温　　　　　　C. 高湿　　　　　　D. 干燥

66. 西瓜疫病是（　　）西瓜生产上发生较严重的一种病害。

      A. 露地　　　　　　B. 小环棚　　　　　C. 普通大棚　　　　D. 温室大棚

67. 露地西瓜生长期若遇持续（　　），易发生大面积西瓜疫病。

      A. 干旱　　　　　　B. 多雨　　　　　　C. 高温　　　　　　D. 低温

68. 西瓜病毒病主要症状有花叶型和（　　）型两种。

      A. 绿叶　　　　　　B. 白叶　　　　　　C. 宽叶　　　　　　D. 蕨叶

69. 西瓜病毒病花叶型症状表现为叶色黄绿相间，叶面凹凸不平，新叶畸形，植株先端节间（　　）。

      A. 缩短　　　　　　B. 拉长　　　　　　C. 大幅度拉长　　　D. 正常

70. 在西瓜生产上，瓜蚜有时能传播（　　）。

      A. 病毒病　　　　　B. 蔓枯病　　　　　C. 炭疽病　　　　　D. 白粉病

71. 物理防治瓜蚜可用（　　）薄膜进行地面覆盖。

      A. 白色　　　　　　B. 黑色　　　　　　C. 黄色　　　　　　D. 银灰色

72. 烟粉虱若虫的体色为（　　），黏附在叶片背面。

      A. 白色　　　　　　B. 黑色　　　　　　C. 淡黄色　　　　　D. 银灰色

73. 烟粉虱（　　）喜群集叶背、吸食植物汁液。

      A. 成虫和若虫　　　B. 成虫和幼虫　　　C. 仅成虫　　　　　D. 仅幼虫

74. 美洲斑潜蝇幼虫潜入叶片、叶柄蛀食，形成不规则的蛇形（　　）虫道，终端明显变宽。

      A. 白色　　　　　　B. 黑色　　　　　　C. 黄色　　　　　　D. 银灰色

75. 美洲斑潜蝇成虫对（　　）光具有较强的趋光性。

      A. 白色　　　　　　B. 黑色　　　　　　C. 黄色　　　　　　D. 银灰色

76. 瓜螟成虫（　　）潜伏于隐蔽场所或叶丛中。

      A. 白天　　　　　　B. 傍晚　　　　　　C. 晚上　　　　　　D. 清晨

77. 瓜螟主要以（   ）虫态危害西瓜。

A. 卵　　　　　B. 幼虫　　　　　C. 成虫　　　　　D. 蛹

78. 斜纹夜蛾幼虫一般在（   ）活动。

A. 白天　　　　B. 傍晚　　　　　C. 晚上　　　　　D. 清晨

79. 斜纹夜蛾成虫飞翔能力强，对（   ）灯有趋光性。

A. 白光　　　　B. 黑光　　　　　C. 黄光　　　　　D. 银灰光

80. 叶螨对作物叶片的含（   ）量较敏感。

A. 氮　　　　　B. 磷　　　　　　C. 钾　　　　　　D. 钙

81. （   ）可作为防治叶螨的药剂。

A. 阿维菌素　　B. 敌菌灵　　　　C. 大生　　　　　D. 代森锰锌

82. 小地老虎是一种食性（   ）的害虫。

A. 单一　　　　B. 较窄　　　　　C. 较广　　　　　D. 极杂

83. 小地老虎的（   ）龄幼虫对药剂较敏感，且暴露在寄主植物或地面上，为药剂防治适期。

A. 1～3　　　　B. 4　　　　　　 C. 5　　　　　　 D. 6

84. （   ）可作为防治小地老虎的药剂。

A. 敌菌灵　　　B. 苏云金杆菌　　C. 大生　　　　　D. 代森锰锌

甜瓜栽培技术

一、判断题（将判断结果填入括号中。正确的填"√"，错误的填"×"）

1. 通常把以竹、木、水泥、钢管等材质的杆件作骨架，在表面覆盖塑料薄膜的大型保护地栽培设施称为塑料大（中）棚。　　　　　　　　　　　　　　（   ）

2. 小环棚与塑料大棚的主要区别是人一般不能在棚内直立进行农事操作，管理作业一般需要揭开薄膜进行。　　　　　　　　　　　　　　　　　　　（   ）

3. 小环棚地爬栽培是地膜覆盖加小环棚天膜双膜覆盖的栽培技术。　（   ）

4. 甜瓜小环棚双膜覆盖栽培有利于甜瓜提早成熟，达到增产增收的目的。（   ）

5. 小环棚搭建程序为：土地耕翻→整平→施肥和作畦→铺地膜→打洞定植→插竹片→覆盖小环棚塑料薄膜。 （　　）

6. 上海地区"伊丽莎白"等小果型厚皮甜瓜的主要栽培方式是小环棚双膜覆盖栽培。
（　　）

7. 小环棚甜瓜准备定植的瓜苗必须在定植前一周进行低温炼苗。 （　　）

8. 小环棚栽培甜瓜不用整枝。 （　　）

9. 小环棚栽培甜瓜一般采用双蔓整枝。 （　　）

10. 小环棚甜瓜整枝应在阴天进行，以降低损伤。 （　　）

11. 生产上常会遇到一些小环棚甜瓜因长势过旺而造成坐果困难的现象，在整枝时可采用"去强留弱"的大整枝方法。 （　　）

12. 小环棚甜瓜瓜蔓的引蔓工作应在下午进行，此时茎叶不易折断。 （　　）

13. 甜瓜春季大棚栽培宜选择"玉姑""西薄洛托""蜜天下"等品种。 （　　）

14. 上海地区甜瓜大棚栽培方式主要可分为春季大棚栽培和秋季大棚栽培两种。（　　）

15. 厚皮甜瓜育苗用的床土宜选择肥沃、疏松、3～4年未种过葫芦科和茄果类作物的水稻田表土。 （　　）

16. 甜瓜育苗播种后均匀覆盖的细营养土不一定需要消毒处理。 （　　）

17. 甜瓜春季大棚栽培育苗采用电加热温床育苗。 （　　）

18. 上海地区甜瓜大棚栽培播种前钵体应浇透水。 （　　）

19. 甜瓜春季大棚早熟栽培育苗过程中，出苗后至第一片真叶展开期间的床温应适当提高。 （　　）

20. 上海地区厚皮甜瓜春季大棚栽培应选近年种过瓜类的田块。 （　　）

21. 目前，甜瓜春季大棚地爬式栽培常采用摘心留双蔓整枝法。 （　　）

22. 甜瓜春季大棚栽培不必采用人工辅助授粉。 （　　）

23. 甜瓜春季大棚栽培在施足基肥的基础上，坐果前可不施追肥。 （　　）

24. 甜瓜秋季大棚栽培宜选择"东方蜜1号""哈密红""华蜜0526""华蜜1001"等哈密瓜品种。 （　　）

25. 甜瓜秋季大棚栽培采用32孔或50孔穴盘育苗。 （　　）

26. 上海地区甜瓜秋季大棚栽培应选近年种过瓜类的田块。　　　　　（　　）

27. 单蔓整枝又称一条龙整枝。　　　　　（　　）

28. 甜瓜秋季大棚栽培不必采用人工辅助授粉。　　　　　（　　）

29. 甜瓜秋季大棚栽培在施足基肥的基础上，坐果前可不施追肥。　　　　　（　　）

30. 蔓枯病是甜瓜的常见病害。　　　　　（　　）

31. 甜瓜白粉病与西瓜白粉病的病原菌不属同一个种。　　　　　（　　）

32. 甜瓜病毒病主要由汁液摩擦接触、瓜蚜传染。　　　　　（　　）

33. 甜瓜霜霉病与黄瓜霜霉病的防治方法和药剂基本相同。　　　　　（　　）

34. 甜瓜细菌性角斑病发生部位为茎蔓。　　　　　（　　）

35. 瓜蚜是目前甜瓜生产上最主要的虫害之一。　　　　　（　　）

36. 美洲斑潜蝇是检疫性害虫。　　　　　（　　）

37. 瓜螟以成虫危害甜瓜。　　　　　（　　）

38. 斜纹夜蛾是一种食性单一的暴发性害虫。　　　　　（　　）

二、单项选择题（选择一个正确的答案，将相应的字母填入题内的括号中）

1. 全国各地常见的大棚高度一般为（　　）m。
   A. 1～1.2　　　B. 1.2～1.5　　　C. 1.5～3　　　D. 2.5～5

2. 上海地区甜瓜大棚栽培的大棚高度一般为（　　）m。
   A. 1.2～1.5　　　B. 1.5～1.8　　　C. 2～2.7　　　D. 3.5～4

3. 通常把高度为（　　）m的圆拱形骨架上覆盖塑料薄膜的保护地栽培设施称为小环棚。
   A. 1～1.5　　　B. 2～2.2　　　C. 2.2～2.5　　　D. 2.5～3

4. 小环棚栽培一般用作（　　）栽培。
   A. 春季　　　B. 夏季　　　C. 秋季　　　D. 全年

5. 正常情况下，小环棚甜瓜上市时间比地膜覆盖栽培的甜瓜提早（　　）天以上。
   A. 5　　　B. 15　　　C. 25　　　D. 35

6. 上海地区小环棚甜瓜的播种期不应晚于（　　）月底。
   A. 1　　　B. 2　　　C. 3　　　D. 4

7. 小环棚育苗的幼苗在苗床中的生长时间，约占甜瓜整个生育期的（　　）。

    A. 二分之一　　　　B. 三分之一　　　　C. 四分之一　　　　D. 五分之一

8. 上海地区春季小环棚双膜覆盖栽培厚皮甜瓜育苗移栽的苗龄一般在（　　）天。

    A. 15～20　　　　B. 20～25　　　　C. 25～28　　　　D. 35～40

9. 小环棚甜瓜准备定植的瓜苗必须在定植前（　　）天进行低温炼苗。

    A. 1～2　　　　B. 3～5　　　　C. 7　　　　D. 10～12

10. 上海地区春季小环棚双膜覆盖栽培厚皮甜瓜的定植期一般为（　　）。

    A. 1 月中下旬　　B. 2 月上中旬　　C. 3 月上旬　　D. 3 月底

11. 下列选项中，（　　）不是小环棚甜瓜定植时要做的工作。

    A. 喷农药　　　　B. 定植　　　　C. 浇水　　　　D. 盖膜

12. 甜瓜春季小环棚栽培定植时应选择（　　）。

    A. 阴天　　　　B. 晴天　　　　C. 雨天　　　　D. 任何天气

13. "伊丽莎白"等小果型厚皮甜瓜小环棚地爬栽培一般采用（　　）。

    A. 单蔓整枝　　B. 双蔓整枝　　C. 多蔓整枝　　D. 不整枝

14. 小环棚甜瓜整枝后应喷一次（　　）。

    A. 农药　　　　B. 杀虫剂　　　　C. 杀菌剂　　　　D. 以上皆不对

15. 小环棚甜瓜整枝应在（　　）进行。

    A. 晴天　　　　　　　　　　B. 阴雨天

    C. 以上两种都可以　　　　D. 无法判断

16. 生产上常会遇到一些小环棚甜瓜因长势（　　）而造成坐果困难的现象，在整枝时可采用"去强留弱"的大整枝方法。

    A. 过旺　　　　B. 一般　　　　C. 正常　　　　D. 过弱

17. 小环棚甜瓜瓜蔓的引蔓工作应在（　　）进行，此时茎叶不易折断。

    A. 清晨　　　　B. 上午　　　　C. 下午　　　　D. 全天

18. 当幼瓜长到鸡蛋大小时，就要及时追施（　　）。

    A. 提苗肥　　　　B. 伸蔓肥　　　　C. 坐果肥　　　　D. 膨瓜肥

19. 小环棚甜瓜坐果前一般（　　）。

A. 浇一次水　　　B. 浇两次水　　　C. 浇三次水　　　D. 不浇水

20. 小环棚甜瓜可从（　　）来确定适时采收期。

　A. 开花到成熟天数　　　　　　B. 叶色

　C. 天气　　　　　　　　　　　D. 温度

21. 大棚设施栽培条件下，"西薄洛托""玉姑"等厚皮甜瓜一般的中心折光糖含量均在（　　）％以上。

　A. 10　　　　B. 12　　　　C. 14　　　　D. 16

22. "西薄洛托"是（　　）。

　A. 网纹甜瓜　　　B. 薄皮甜瓜　　　C. 厚皮甜瓜　　　D. 哈密瓜

23. （　　）是目前上海地区厚皮甜瓜的主要栽培方式。

　A. 春季大棚栽培　　　　　　　B. 夏播栽培

　C. 秋季延迟栽培　　　　　　　D. 夏播栽培和秋季延迟栽培

24. 上海地区厚皮甜瓜（　　）适合在 12 月下旬至 1 月上旬播种。

　A. 春季大棚栽培　　　　　　　B. 夏播栽培

　C. 秋季延迟栽培　　　　　　　D. 夏播栽培和秋季延迟栽培

25. 厚皮甜瓜育苗用的营养钵钵体高度和直径均为（　　）cm。

　A. 3～4　　　B. 5～6　　　C. 8～10　　　D. 15～16

26. 应按每亩大田用苗所需营养土中加硫酸钾型三元复合肥（　　）kg 的要求配制营养土。

　A. 0.5　　　B. 1　　　C. 1.5　　　D. 2

27. 播种前（　　）天应对营养土进行消毒。

　A. 3～4　　　B. 5～6　　　C. 7～10　　　D. 11～16

28. 在大棚内的畦面上做一水平地面，即平整床底，其上铺一层薄的（　　）为隔热层。

　A. 稻草或砻糠　　　B. 煤渣　　　C. 黄沙　　　D. 报纸

29. 电加温线在苗床中间布线稍稀，两线间距为（　　）cm。

　A. 3～4　　　B. 5～6　　　C. 8～10　　　D. 11～16

30. 甜瓜育苗时，每钵播（   ）粒种子。

  A. 1   B. 2   C. 3   D. 4

31. 甜瓜育苗时要求种子（   ）后覆土。

  A. 尖头插入 B. 平放   C. 圆头插入 D. 随意放

32. 甜瓜春季温床育苗，出苗后至第一片真叶展开期间的床温应保持在（   ）。

  A. 白天 24～25℃，夜间 15～16℃ B. 白天、夜间均 25～28℃

  C. 白天、夜间均 15～16℃ D. 白天 25～28℃，夜间 28～32℃

33. 甜瓜春季温床育苗，出苗后至第一片真叶展开期间的床温应（   ），以防止下胚轴伸长过快，形成高脚苗。

  A. 大幅度降低 B. 适当降低 C. 大幅度提高 D. 适当提高

34. 上海地区厚皮甜瓜春季大棚栽培的田块翻耕深度应达到（   ）cm 左右。

  A. 10   B. 15   C. 20   D. 30

35. 上海地区厚皮甜瓜春季大棚地爬式栽培基肥一般每亩施（   ）、三元复合肥 60 kg。

  A. 腐熟菜饼肥 150～200 kg B. 尿素 100 kg

  C. 硫酸亚铁 50 kg   D. 硫酸钾 50 kg

36. 大棚的顶膜应选用（   ）mm 的无滴长寿膜。

  A. 0.01～0.03   B. 0.03～0.05

  C. 0.05～0.07   D. 0.08～0.1

37. 上海地区春季大棚地爬式栽培的厚皮甜瓜，亩栽（   ）株。

  A. 300   B. 400～450 C. 550～600 D. 1 000

38. 大棚甜瓜整枝应在（   ）田间露水干后进行。

  A. 清晨   B. 上午   C. 下午   D. 全天

39. 大棚甜瓜整枝后（   ）。

  A. 应喷一次农药   B. 应喷一次杀虫剂

  C. 应喷一次杀菌剂   D. 不需要喷药剂

40. 春季大棚栽培甜瓜采用人工辅助授粉方法授粉时，时间在晴天（   ）。

  A. 5：00—7：00   B. 7：00—9：00

C. 13：00—15：00　　　　　　　　　　D. 15：00—17：00

41. 甜瓜春季大棚栽培，第一批甜瓜坐果节位在（　　）节。

　　A. 3～4　　　　　B. 7～8　　　　　C. 10～12　　　　D. 17～18

42. 甜瓜春季大棚栽培，疏果后根据瓜苗长势及时追施（　　）。

　　A. 提苗肥　　　　B. 伸蔓肥　　　　C. 坐果肥　　　　D. 膨瓜肥

43. 甜瓜春季大棚栽培，及时追施膨瓜肥应分（　　）次进行。

　　A. 1　　　　　　B. 2　　　　　　C. 3　　　　　　D. 4

44. 大棚设施栽培条件下，"东方蜜 1 号""哈密红"等哈密瓜一般的中心折光糖含量均在（　　）%以上。

　　A. 10　　　　　　B. 12　　　　　　C. 15　　　　　　D. 18

45. "东方蜜 1 号""哈密红"是（　　）品种。

　　A. 网纹甜瓜　　　B. 薄皮甜瓜　　　C. 光皮厚皮甜瓜　D. 哈密瓜

46. 上海地区"东方蜜 1 号""哈密红"等哈密瓜品种秋季大棚栽培一般在（　　）播种。

　　A. 1 月中旬至 1 月下旬　　　　　　B. 2 月上旬至 2 月中旬

　　C. 2 月下旬至 3 月上旬　　　　　　D. 7 月下旬至 8 月初

47. 上海地区"哈密红"等哈密瓜品种（　　）适合在 7 月下旬至 8 月初播种。

　　A. 春季大棚栽培　　　　　　　　　B. 夏播栽培

　　C. 秋季大棚栽培　　　　　　　　　D. 春季露地栽培

48. 秋季大棚栽培甜瓜育苗基质的配制应将草炭、珍珠岩、蛭石按照体积比（　　）均匀混合，同时每立方米加入一定的商品有机肥。

　　A. 6：3：1　　　B. 7：2：1　　　C. 4：2：1　　　D. 5：3：2

49. 秋季大棚栽培甜瓜，播种前营养钵内基质浇透水，每钵播（　　）粒种子。

　　A. 1　　　　　　B. 2　　　　　　C. 3　　　　　　D. 4

50. 秋季大棚栽培甜瓜一般在 7 月下旬至 8 月 10 日定植，育苗的苗龄要求为 7～10 天，叶龄一般在（　　）。

　　A. 1 叶至 1 叶 1 心期　　　　　　B. 2 叶至 2 叶 1 心期

C. 3 叶至 3 叶 1 心期   D. 4 叶至 4 叶 1 心期

51. 上海地区秋季大棚栽培甜瓜采用单蔓整枝的立架方式，一般亩栽（　　）株。

    A. 550～600   B. 700～800

    C. 1 000～1 200   D. 2 000～2 500

52. 上海地区秋季大棚栽培甜瓜采用立架方式单蔓整枝，一般于（　　）节打顶。

    A. 20～22   B. 23～24   C. 25～28   D. 30～35

53. 上海地区秋季大棚栽培甜瓜立架栽培普遍采用的整枝方式是（　　）整枝。

    A. 单蔓   B. 双蔓   C. 三蔓   D. 四蔓

54. 秋季大棚栽培甜瓜地爬栽培选取（　　）节的孙蔓留瓜。

    A. 3～4   B. 7～8   C. 10～12   D. 13～15

55. 秋季大棚栽培甜瓜立架栽培选取（　　）节的孙蔓留瓜。

    A. 3～4   B. 7～8   C. 10～12   D. 14～16

56. 甜瓜秋季大棚栽培，疏果后视瓜苗长势及时追施（　　）。

    A. 提苗肥   B. 伸蔓肥   C. 坐果肥   D. 膨瓜肥

57. 甜瓜秋季大棚栽培，瓜成熟前（　　）天停止施用肥水。

    A. 4   B. 6   C. 8   D. 10

58. 甜瓜蔓枯病属（　　）病害。

    A. 真菌性   B. 细菌性   C. 病毒性   D. 生理性

59. 剖视发生甜瓜蔓枯病的病蔓维管束变为（　　）。

    A. 白色   B. 红色   C. 褐色   D. 本色

60. 甜瓜白粉病属（　　）病害。

    A. 真菌性   B. 细菌性   C. 病毒性   D. 生理性

61. 甜瓜白粉病自苗期至收获期都可能发生，以（　　）更易受害。

    A. 幼苗期   B. 生长前期   C. 生长中期   D. 生长后期

62. 甜瓜白粉病主要危害（　　）。

    A. 叶片   B. 茎蔓   C. 根系   D. 果实

63. 育苗时及时防治（　　）是培育无病毒苗的关键。

A. 瓜蚜　　　　　　B. 小地老虎　　　　C. 蝼蛄　　　　　D. 种蝇

64.（　　）一般不作为防治甜瓜病毒病的药剂。

A. 菌克毒克　　　　B. 菌毒清　　　　　C. 盐酸吗啉胍　　D. 病毒A

65. 甜瓜霜霉病属（　　）病害。

A. 真菌性　　　　　B. 细菌性　　　　　C. 病毒性　　　　D. 生理性

66. 甜瓜霜霉病从幼苗期到成株期均可发生，仅危害（　　）。

A. 叶片　　　　　　B. 茎蔓　　　　　　C. 根系　　　　　D. 果实

67. 甜瓜细菌性角斑病属（　　）病害。

A. 真菌性　　　　　B. 细菌性　　　　　C. 病毒性　　　　D. 生理性

68. 甜瓜细菌性角斑病主要发生在（　　）和果实上。

A. 叶片　　　　　　B. 茎　　　　　　　C. 根　　　　　　D. 花

69. 在甜瓜生产上，瓜蚜主要传播（　　）。

A. 病毒病　　　　　B. 蔓枯病　　　　　C. 炭疽病　　　　D. 白粉病

70. 烟粉虱的成虫虫体颜色是（　　）。

A. 白色　　　　　　B. 黑色　　　　　　C. 黄色　　　　　D. 银灰色

71. 烟粉虱早期防治可采用挂（　　）诱杀。

A. 白色板　　　　　B. 黑色板　　　　　C. 黄色板　　　　D. 银灰色板

72. 美洲斑潜蝇成虫、幼虫均会产生危害，但以（　　）为主。

A. 成虫　　　　　　B. 幼虫　　　　　　C. 若虫　　　　　D. 卵

73. 瓜螟成虫一般在（　　）活动，趋光性弱。

A. 白天　　　　　　B. 傍晚　　　　　　C. 晚上　　　　　D. 清晨

74. 瓜螟以（　　）危害甜瓜。

A. 卵　　　　　　　B. 幼虫　　　　　　C. 成虫　　　　　D. 蛹

75. 斜纹夜蛾成虫一般在（　　）活动。

A. 白天　　　　　　B. 傍晚　　　　　　C. 晚上　　　　　D. 清晨

76. 斜纹夜蛾化学防治应掌握在（　　）龄幼虫分散前喷药。

A. 2　　　　　　　　B. 4　　　　　　　　C. 5　　　　　　　D. 6

草莓栽培技术

一、判断题（将判断结果填入括号中。正确的填"√"，错误的填"×"）

1. 草莓繁苗母株宜采用专用植株，专用植株选自健康无病的一年生匍匐茎苗。（　　）

2. 草莓繁苗母株定植可分为秋植与春植。（　　）

3. 草莓繁苗母株定植时，避免种植太深，切忌将心叶埋没，以防烂芽。（　　）

4. 草莓假植育苗就是将子苗从母株上切下，然后移植到事先准备好的苗床上进行培育。（　　）

5. 草莓假植苗床以选择排灌水方便、土质肥沃疏松的沙壤土为宜。（　　）

6. 草莓假植时，子苗切忌种植太深而将苗心埋没，也不能太浅，一般以将根茎埋入土中为宜。（　　）

7. 草莓的花芽与叶芽起源于相同的分生组织。（　　）

8. 草莓的花芽分化发育阶段可划分为 10 个时期。（　　）

9. 草莓的花芽分化时期一般在 9 月底至 10 月初。（　　）

10. 草莓生产上，花芽分化促进用土块育苗法处理。（　　）

11. 进入深休眠期的草莓植株，需要满足对低温累积量的要求才能觉醒。（　　）

12. 赤霉素不仅有抑制休眠的作用，还有打破休眠的作用。（　　）

13. 露地栽培是我国草莓生产最基本的栽培方式。（　　）

14. 露地草莓一般采用单畦两行种植。（　　）

15. 草莓小环棚栽培的采果期同露地与地膜栽培相当。（　　）

16. 草莓促成栽培是一种特早熟栽培方式。（　　）

17. 促成栽培的草莓品种要求在相对高温条件下花芽容易分化与形成，休眠性浅。（　　）

18. 草莓假植用的子苗以大苗为好，假植后容易存活。（　　）

19. 上海地区草莓促成栽培以选近年种草莓的田块为好。（　　）

20. 草莓定植时应注意定向种植，将草莓苗根茎的弓背部朝向畦外。（　　）

21. 草莓定植后至大棚盖膜期间的田间管理工作主要有施肥灌水、摘叶摘芽、铺地膜、

中耕除草等。　　　　　　　　　　　　　　　　　　　　　　（　　）

22. 目前，上海地区草莓促成栽培生产上使用的地膜为黑色不透明聚乙烯膜。　　（　　）

23. 由于草莓根系较浅，植株小，叶片大，蒸腾作用强，故对水分的要求较高。（　　）

24. 保温后大棚内要求保持相对空气湿度较高。　　　　　　　　　　　　　（　　）

25. 草莓促成栽培，要等草莓在自然条件下完成花芽分化后、进入休眠之前开始保温。

　　　　　　　　　　　　　　　　　　　　　　　　　　　　　　　　（　　）

26. 冬季寒冷季节，大棚内没有昆虫授粉，畸形果会增多。　　　　　　　　（　　）

27. 草莓采收过程中所用工具要清洁、卫生、无污染。　　　　　　　　　　（　　）

28. 炭疽病为草莓匍匐茎抽生期与育苗期较常见的病害。　　　　　　　　　（　　）

29. 白粉病是草莓的常见病害。　　　　　　　　　　　　　　　　　　　　（　　）

30. 草莓灰霉病主要危害花器和果实，也能危害叶片。　　　　　　　　　　（　　）

31. 草莓病毒病是病毒引起草莓植株发病的总称。　　　　　　　　　　　　（　　）

32. 草莓根腐病常见于露地栽培。　　　　　　　　　　　　　　　　　　　（　　）

33. 在草莓匍匐茎抽生期，子苗上极易感染黄萎病。　　　　　　　　　　　（　　）

34. 草莓青枯病多见于夏季高温时的育苗圃。　　　　　　　　　　　　　　（　　）

35. 在草莓生产上，蚜虫是病毒病的主要传播媒介。　　　　　　　　　　　（　　）

36. 小地老虎俗称地蚕、切根虫等。　　　　　　　　　　　　　　　　　　（　　）

37. 叶螨俗称红蜘蛛。　　　　　　　　　　　　　　　　　　　　　　　　（　　）

二、单项选择题（选择一个正确的答案，将相应的字母填入题内的括号中）

1. 草莓繁苗母株宜利用专用植株，选自健康无病的（　　）。

　　A. 老株　　　　　　　　　　　　　B. 新生匍匐茎苗

　　C. 一年生匍匐茎苗　　　　　　　　D. 老桩

2. 若秋季无闲置地，可将选留的专用苗暂时（　　）。

　　A. 集中假植　　　B. 储藏　　　　C. 冷藏　　　　D. 舍弃

3. 上海地区草莓繁苗母株春植的定植时间宜选择在（　　）。

　　A. 2 月中旬至 2 月下旬　　　　　　B. 3 月上旬至 3 月中旬

　　C. 3 月中下旬至 4 月　　　　　　　D. 5 月

4. 草莓繁苗母株定植的株距一般为（　　）cm。

  A. 35～40   B. 40～50   C. 50～60   D. 60～80

5. 上海地区草莓繁苗母株秋植的定植时间宜选择在（　　）月。

  A. 9   B. 10   C. 11   D. 12

6. 草莓繁苗过程中，喷施赤霉素的效果随母株定植期的推迟而（　　）。

  A. 减弱   B. 增强   C. 没有变化   D. 无法判断

7. 草莓繁苗过程中，为使子苗及时扎根，在子苗具（　　）片展开叶时进行压蔓。

  A. 1   B. 2   C. 3   D. 4

8. 草莓假植有利于改善通风透光条件，植株的光合作用能力及光合效率增强，根茎储藏的养分增加，育苗时间一般比生产定植早（　　）天。

  A. 30～40   B. 50～60   C. 60～80   D. 80～100

9. 草莓假植苗床的宽度一般为（　　）m。

  A. 0.8～1   B. 1.2～1.5   C. 1.8～2   D. 2～2.5

10. 草莓假植育苗期一般为（　　）天左右。

  A. 30   B. 35   C. 40   D. 45

11. 草莓假植苗床中，假植的子苗株行距为（　　）。

  A. 12 cm×18 cm   B. 20 cm×25 cm

  C. 25 cm×30 cm   D. 30 cm×35 cm

12. 草莓假植一般选取初生根多、具有（　　）片展开叶的健康子苗。

  A. 1～2   B. 2～4   C. 5～6   D. 7～8

13. 上海地区草莓半促成栽培及露地栽培用苗以在（　　），10月中旬以前定植为宜。

  A. 8月上旬以前采苗、假植   B. 8月下旬以前采苗、假植

  C. 9月中下旬采苗、假植   D. 9月上旬以前采苗、假植

14. 上海地区草莓促成栽培的用苗可在（　　）以前采苗、假植。

  A. 6月中旬   B. 8月上旬   C. 8月下旬   D. 9月上旬

15. 顶芽分化为顶花序，或称（　　）。

  A. 第一花序   B. 第二花序   C. 第三花序   D. 无花序

16. 第一级花的（　　）分化出第二级花。

    A. 顶芽　　　　　　B. 一腋芽　　　　　　C. 两腋芽　　　　　　D. 叶芽

17. 草莓花芽分化一般可分化至第（　　）级花。

    A. 1　　　　　　　B. 2～3　　　　　　　C. 4～5　　　　　　　D. 6～7

18. 花芽分化发育阶段可划分为（　　）个时期。

    A. 4　　　　　　　B. 6　　　　　　　　C. 8　　　　　　　　D. 10

19. 草莓花芽分化进入分化期后，生长点开始肥厚、隆起，呈（　　）。

    A. 平坦状　　　　　B. 圆顶状　　　　　　C. 柱状　　　　　　　D. 尖状

20. 在自然条件下，草莓的花芽分化时期一般在（　　）。

    A. 9 月上中旬　　　　　　　　　　　　B. 9 月底至 10 月初

    C. 10 月中下旬　　　　　　　　　　　D. 11 月初

21. 断根处理是将根系切断、抑制（　　）吸收以促进花芽分化的方法。

    A. 碳素　　　　　　B. 氮素　　　　　　　C. 水分　　　　　　　D. 养分

22. 可采用（　　）处理促进花芽分化。

    A. 增光　　　　　　B. 点灯　　　　　　　C. 遮光　　　　　　　D. 白光

23. 下列选项中（　　）不属于草莓生产上花芽分化的促进技术。

    A. 营养钵育苗　　　B. 土块育苗　　　　　C. 高山育苗　　　　　D. 遮光处理

24. 能够打破草莓苗休眠的温度为（　　）℃以上。

    A. 10　　　　　　　B. 13　　　　　　　　C. 18　　　　　　　　D. 20

25. 用电灯照明补光，使光照长度达（　　）h 可促进打破草莓苗休眠。

    A. 8　　　　　　　B. 12　　　　　　　　C. 16　　　　　　　　D. 20

26. （　　）对打破草莓苗休眠和生长没有促进作用。

    A. 低温　　　　　　B. 高温　　　　　　　C. 长日照　　　　　　D. 赤霉素处理

27. 打破休眠浅的草莓苗的休眠，使用赤霉素的质量浓度相对（　　）。

    A. 较低　　　　　　B. 较高　　　　　　　C. 任意　　　　　　　D. 不确定

28. 露地草莓一般畦宽为（　　）cm。

    A. 60～80　　　　　B. 100～120　　　　　C. 150～180　　　　　D. 200～250

29. 我国南方地区种植露地草莓要求深沟作高畦，畦高至少为（　　）cm。

    A. 10　　　　　　B. 20　　　　　　C. 40　　　　　　D. 50

30. 上海地区露地草莓定植以（　　）中下旬以前为宜。

    A. 9 月　　　　　B. 10 月　　　　　C. 11 月　　　　　D. 12 月

31. 露地草莓选择单畦 2 行种植时，一般（　　）。

    A. 行距 25～28 cm，株距 12～15 cm　　B. 行距 25～28 cm，株距 20～22 cm

    C. 行距 35～40 cm，株距 20～22 cm　　D. 行距 35～40 cm，株距 12～15 cm

32. 上海地区露地栽培草莓的鲜果上市期为（　　）。

    A. 1 月至 3 月　　B. 4 月至 6 月　　C. 7 月至 9 月　　D. 10 月至 12 月

33. 草莓小环棚栽培的采果期比露地与地膜栽培提早（　　）天。

    A. 5～10　　　　B. 11～15　　　　C. 15～25　　　　D. 25～35

34. 草莓小环棚栽培可在（　　）中旬开始采果上市。

    A. 3 月　　　　　B. 4 月　　　　　C. 5 月　　　　　D. 6 月

35. 草莓（　　）栽培要注意白天升温快、棚内气温高，夜间降温快、保温性差。

    A. 露地　　　　　B. 地膜　　　　　C. 小环棚　　　　D. 大棚

36. 上海地区草莓小环棚栽培的适宜覆盖时期大致在（　　）。

    A. 1 月上旬至 1 月中旬　　　　　　B. 1 月下旬至 2 月中旬

    C. 2 月下旬至 3 月上旬　　　　　　D. 3 月中旬至 3 月下旬

37. 上海等地草莓小环棚栽培为节约成本，多利用（　　）作为小环棚覆盖材料。

    A. 聚氯乙烯透明薄膜　　　　　　　B. 聚乙烯透明薄膜

    C. 白色透明地膜　　　　　　　　　D. 无滴大棚膜

38. 塑料薄膜覆盖下的小环棚长度一般以（　　）m 为宜。

    A. 10～15　　　　B. 15～20　　　　C. 20～30　　　　D. 30～40

39. 草莓小环棚栽培的采果期一般比露地与地膜栽培提早（　　）天。

    A. 15～25　　　　B. 30～40　　　　C. 40～50　　　　D. 50～60

40. 目前，我国大部分地区利用（　　）进行草莓促成栽培。

    A. 塑料大棚　　　B. 连栋大棚　　　C. 塑料温室大棚　　D. 玻璃温室大棚

41. 促成栽培所选用的草莓品种要求（　　），耐寒性优。

　　A. 休眠性浅　　　　　　　　　　　B. 休眠性深

　　C. 难以被打破休眠性　　　　　　　D. 不能够被打破休眠性

42. 促成栽培所选用的草莓品种要求长势强，具有（　　）的健全花粉。

　　A. 较大　　　　　B. 较小　　　　　C. 较多　　　　　D. 较少

43. 促成栽培用苗的假植育苗地宜选择（　　）的地块。

　　A. 肥沃　　　　　B. 施足基肥　　　C. 稍瘠薄　　　D. 施足氮肥

44. 上海地区草莓促成栽培假植的子苗以有（　　）片展开叶、有白根的健壮匍匐茎苗为好。

　　A. 1～2　　　　　B. 3～4　　　　　C. 5～6　　　　　D. 7～9

45. 上海地区草莓促成栽培基肥在定植前（　　）天施下，在土表全面撒施，采用机械翻耕，使有机质肥料与土壤充分拌和。

　　A. 1～4　　　　　B. 5～8　　　　　C. 9～10　　　　　D. 15

46. 上海地区草莓促成栽培一般5～6m的大棚作（　　）畦。

　　A. 1～2　　　　　B. 3～4　　　　　C. 5～6　　　　　D. 7～8

47. 上海地区草莓促成栽培施肥、作畦等工作需要在定植前（　　）天完成。

　　A. 3　　　　　　B. 7　　　　　　C. 10　　　　　　D. 15

48. 草莓促成栽培，株行距一般为（　　）。

　　A. （18～20)cm×(25～28)cm　　　B. （15～18)cm×(30～35)cm

　　C. （15～18)cm×(35～40)cm　　　D. （15～18)cm×(40～45)cm

49. 上海地区草莓促成栽培的定植适期在（　　）。

　　A. 8月上旬至8月中旬　　　　　　　B. 8月下旬至9月上旬

　　C. 9月中旬至10月初　　　　　　　 D. 10月上旬至10月中旬

50. 目前草莓促成栽培普遍采取高畦栽（　　）行。

　　A. 1　　　　　　B. 2　　　　　　C. 4　　　　　　D. 6

51. 草莓促成栽培从定植成活后到保温开始前这段时间里，草莓在（　　）条件下生长发育。

A. 自然   B. 地膜覆盖

C. 小环棚塑料薄膜覆盖   D. 大棚塑料薄膜覆盖

52. 草莓促成栽培从定植成活后到保温开始前这段时间里，一般每隔（   ）天灌 1 次水。

     A. 1～2   B. 3～7   C. 10～12   D. 13～15

53. 草莓促成栽培从定植成活后到保温开始前的这段时间里，摘叶作业一般在（   ）进行。

     A. 定植后、苗成活时   B. 定植后、苗成活前

     C. 苗成活 7 天后   D. 苗成活 10 天后

54. 上海地区草莓促成栽培适宜覆盖塑料薄膜保温的时期一般在（   ）。

     A. 10 月中旬   B. 10 月下旬至 11 月初

     C. 11 月中旬   D. 11 月下旬

55. 草莓促成栽培覆盖塑料薄膜保温初期温度要求相对较高，要求白天（   ）℃、夜间 12℃。

     A. 30   B. 20   C. 18   D. 25

56. 草莓果实膨大期，田间持水量应保持在（   ）左右为宜。

     A. 60%   B. 70%   C. 80%   D. 90%

57. 草莓具有喜光、喜肥、（   ）、怕涝等特点。

     A. 喜阴凉   B. 喜水   C. 喜干燥   D. 怕干燥

58. 保温后大棚内的（   ）较高，将有碍开花及授粉受精。

     A. 空气相对湿度   B. 空气温度   C. 氧气含量   D. 二氧化碳含量

59. 果实采收期（   ）太高时，容易发生灰霉病。

     A. 空气相对湿度   B. 空气温度   C. 氧气含量   D. 二氧化碳含量

60. 赤霉素处理一次的效果可维持（   ）天左右。

     A. 50   B. 10   C. 20   D. 30

61. （   ）是抑制草莓休眠的主要因素。

     A. 高温   B. 低温   C. 高湿   D. 干燥

62. 从大棚保温开始，每个大棚安放（　　）箱蜜蜂。

    A. 1　　　　　　　　B. 2　　　　　　　　C. 3　　　　　　　　D. 4

63. （　　）自然气温回升后，可把蜜蜂从大棚搬出。

    A. 3 月中旬　　　　　B. 4 月中旬　　　　　C. 5 月中旬　　　　　D. 6 月中旬

64. 大棚内气温在（　　）℃以上时，蜜蜂活动非常频繁，授粉效果很好。

    A. 20　　　　　　　　B. 32　　　　　　　　C. 35　　　　　　　　D. 40

65. 上海地区草莓促成栽培采收期一般在（　　）。

    A. 12 月下旬至 5 月上旬　　　　　　　　B. 1 月下旬至 5 月上旬

    C. 12 月下旬至 2 月底　　　　　　　　　D. 3 月上旬至 5 月上旬

66. 上海地区草莓促成栽培一般有（　　）个集中采收期。

    A. 1　　　　　　　　B. 2　　　　　　　　C. 3　　　　　　　　D. 4

67. （　　）一般不作为防治草莓炭疽病的药剂。

    A. 百菌清　　　　　　B. 适乐时　　　　　　C. 多菌灵　　　　　　D. 炭特灵

68. 炭疽病不危害草莓的（　　）。

    A. 匍匐茎　　　　　　B. 叶柄　　　　　　　C. 叶片　　　　　　　D. 根

69. 草莓白粉病属（　　）病害。

    A. 真菌性　　　　　　B. 细菌性　　　　　　C. 病毒性　　　　　　D. 生理性

70. 草莓白粉病主要危害的部位不包括（　　）。

    A. 叶　　　　　　　　B. 果实　　　　　　　C. 果梗　　　　　　　D. 匍匐茎

71. 在气温 15～25℃条件下，（　　）是诱导草莓白粉病多发的主要条件。

    A. 低温　　　　　　　B. 高温　　　　　　　C. 干燥　　　　　　　D. 高湿

72. 上海地区大棚栽培草莓的发病高峰期一般在（　　）。

    A. 11 月至 12 月　　　B. 1 月　　　　　　　C. 2 月　　　　　　　D. 3 月至 4 月

73. 在气温 18～20℃条件下，（　　）是诱导草莓灰霉病多发的主要条件。

    A. 低温　　　　　　　B. 高温　　　　　　　C. 干燥　　　　　　　D. 高湿

74. 草莓病毒病从表现的病症上大致可分为（　　）与缩叶型两种。

    A. 白化型　　　　　　B. 灰化型　　　　　　C. 深绿化型　　　　　D. 黄化型

75. 一般而言，草莓病毒病带病株不表现为（　　）。

　　A. 植株个体矮化　　　　　　　　　B. 叶片变小，小叶周边锯齿锐尖

　　C. 心叶时有黄化　　　　　　　　　D. 匍匐茎抽生良好

76. 草莓根腐病病原菌主要由（　　）和苗传播。

　　A. 土壤　　　　　B. 气流　　　　　C. 雨水　　　　　D. 昆虫

77.（　　）一般不作为防治草莓根腐病的药剂。

　　A. 多菌灵　　　　B. 土菌消　　　　C. 利克菌　　　　D. 施佳乐

78. 草莓根腐病危害地上部分的过程与症状不包括（　　）。

　　A. 先是外叶叶缘发黄、变褐、坏死至卷缩

　　B. 植株生长舒展

　　C. 病症逐渐向心叶发展

　　D. 全株枯黄死亡

79. 草莓黄萎病病原菌主要由（　　）传播。

　　A. 土壤　　　　B. 气流　　　　　C. 雨水　　　　　D. 昆虫

80. 草莓黄萎病危害的过程与症状不包括（　　）。

　　A. 感病幼叶、新叶失绿黄化　　　　B. 叶片扭曲呈舟形

　　C. 三出小叶中往往 1～2 叶畸形化　　D. 畸形叶在整株全面发生

81. 草莓青枯病病原菌主要借（　　）与水传播。

　　A. 土壤　　　　B. 气流　　　　　C. 老叶、枯叶　　　D. 昆虫

82.（　　）一般不作为防治草莓青枯病的药剂。

　　A. 福星　　　　B. 土菌消　　　　C. 多菌灵　　　　D. 利克菌

83. 草莓青枯病危害地上部分的过程与症状不包括（　　）。

　　A. 发病初期，叶柄变为紫红色

　　B. 叶柄基部感染后，呈青枯状凋萎

　　C. 随着病情的加重，下部叶片凋萎脱落

　　D. 整株青绿

84. 草莓蚜虫多发生于（　　）。

A. 夏季育苗期　　　　　　　　B. 促成栽培开花期

C. 促成栽培坐果期　　　　　　D. 促成栽培成熟期

85. 在草莓生产上，蚜虫是（　　）的主要传播媒介。

　　A. 病毒病　　　　B. 蔓枯病　　　　C. 炭疽病　　　　D. 白粉病

86. 斜纹夜蛾与甜菜夜蛾同属鳞翅目（　　）害虫。

　　A. 螟蛾科　　　　B. 夜蛾科　　　　C. 蓑蛾科　　　　D. 刺蛾科

87. 斜纹夜蛾是一种（　　）害虫。

　　A. 单食性　　　　B. 多食性　　　　C. 杂食性　　　　D. 肉食性

88. 根据斜纹夜蛾幼虫昼伏夜出的特性，在（　　）施药效果最好。

　　A. 10：00 左右　　B. 12：00 左右　　C. 18：00 左右　　D. 半夜

89. 小地老虎和（　　）同属夜蛾科害虫，食性杂。

　　A. 甜菜夜蛾　　　B. 菜青虫　　　　C. 金龟子　　　　D. 蚜虫

90. （　　）一般不作为防治小地老虎的药剂。

　　A. 福星　　　　　B. 毒死蜱　　　　C. 抑太保　　　　D. 除尽

91. 叶螨寄主范围（　　），以成、幼螨在叶背的叶脉附近取食汁液。

　　A. 单一　　　　　B. 小　　　　　　C. 广　　　　　　D. 杂

92. （　　）一般不作为防治叶螨的药剂。

　　A. 阿维菌素　　　B. 噻螨酮　　　　C. 哒螨灵　　　　D. 灭蝇胺

第4部分

操作技能复习题

瓜果栽培基础 1

苗床电加温线布线（试题代码：1.1①；考核时间：25 min）

见第 6 部分操作技能考核模拟试卷。

瓜果栽培基础 2

一、育苗营养土配制（试题代码：2.1；考核时间：25 min）

1. 试题单

（1）场地设备要求

1）30～50 m² 的保护地设苗床操作场地。

2）腐熟、干燥的有机肥。

3）8 cm×8 cm 空营养钵 100 个，钉耙、铁锹等必要农具。

4）已筛细的田园土。

（2）工作任务

1）把田园土、有机肥用筛子筛细。

---

① 试题代码表示该试题在操作技能考核方案表格中的所属位置。左起第一位表示考核项目序号，第二位表示该考核项目下的第几个试题。

2) 按"土：有机肥＝2：1"拌匀配制。

3) 装钵。

4) 将营养钵整齐排列在苗床中。

（3）技能要求

1) 营养土要拌匀。

2) 营养钵内装营养土。

3) 装钵后按苗床宽度放置 30 个营养钵。

（4）质量指标

1) 材料筛细：田园土、有机肥用筛子筛细。

2) 配制比例：按要求比例配制。

3) 混合、装钵：营养土拌匀，营养钵内的营养土装 80％满。

4) 文明操作与安全：操作规范、安全、文明，场地整洁。

2. 评分表

试题代码及名称			2.1　育苗营养土配制		考核时间		25 min			
评价要素	配分（分）	等级	评分细则	评定等级					得分（分）
				A	B	C	D	E	
1	材料筛细：田园土、有机肥用筛子筛细	4	A	完全符合要求						
			B	粗细度较一致						
			C	粗细度一般						
			D	粗细度不一致						
			E	差或未答题						
2	配制比例：按要求比例配制	4	A	完全正确						
			B	70％以上正确						
			C	50％～70％正确						
			D	20％～50％正确						
			E	差或未答题						
3	混合、装钵：营养土拌匀、装钵	5	A	营养土拌匀，装钵量正确						
			B	营养土拌匀，装钵量基本正确						
			C	营养土基本拌匀，装钵量基本正确						
			D	营养土未拌匀，装钵量基本正确						
			E	差或未答题						

续表

试题代码及名称			2.1　育苗营养土配制		考核时间		25 min		
评价要素		配分（分）	等级	评分细则	评定等级				得分（分）
					A	B	C	D	E
4	文明操作与安全：操作规范、安全、文明，场地整洁	2	A	操作规范，场地整洁，操作工具摆放安全					
			B	操作规范，场地较整洁，操作工具摆放安全					
			C	操作规范，场地部分不整洁，操作工具摆放安全					
			D	操作规范，场地部分不整洁，操作工具摆放不安全					
			E	差或未答题					
合计配分		15		合计得分					

等级	A（优）	B（良）	C（及格）	D（较差）	E（差或未答题）
比值	1.0	0.8	0.6	0.2	0

"评价要素"得分＝配分×等级比值。

二、瓜果常见生理病害（缺氮等）的识别（试题代码：2.3；考核时间：25 min）

1. 试题单

（1）场地设备要求

1）50 m^2 左右的教室或 100 m^2 左右的操作场地。

2）识别生理病害所需的实物、照片或幻灯片及其放映设备等。

3）放置实物或标本的操作台若干。

（2）工作任务

1）识别瓜果的 3 种生理病害。常见生理病害有缺氮、缺钙、缺铁、缺钾等。

2）说明防治方法。

（3）技能要求

1）根据实物标本、照片或幻灯片指出对应的生理病害。

2）根据所回答的生理病害名称指出用何种防治方法。

（4）质量指标

1）症状识别：正确识别 3 种生理病害的症状。

2）防治：正确指出 3 种生理病害的主要防治方法。

缺氮症

缺钙症

缺铁症

缺钾症

2. 评分表

试题代码及名称			2.3　瓜果常见生理病害（缺氮等）的识别		考核时间				25 min	
评价要素		配分（分）	等级	评分细则	评定等级					得分（分）
					A	B	C	D	E	
1	症状识别：正确识别 3 种生理病害的症状	7	A	正确识别 3 种以上（含 3 种）						
			B	正确识别 2 种						
			C	正确识别 1 种						
			D	经提示，能识别 1 种						
			E	差或未答题						

续表

试题代码及名称			2.3 瓜果常见生理病害（缺氮等）的识别		考核时间				25 min	
评价要素		配分（分）	等级	评分细则	评定等级					得分（分）
					A	B	C	D	E	
2	防治：正确指出3种生理病害的主要防治方法	8	A	正确指出3种以上（含3种）						
			B	正确指出2种						
			C	正确指出1种						
			D	经提示，能指出1种						
			E	差或未答题						
合计配分		15		合计得分						

等级	A（优）	B（良）	C（及格）	D（较差）	E（差或未答题）
比值	1.0	0.8	0.6	0.2	0

"评价要素"得分＝配分×等级比值。

三、瓜果常见生理病害（缺磷等）的识别（试题代码：2.4；考核时间：25 min）

1. 试题单

（1）场地设备要求

1）50 m² 左右的教室或 100 m² 左右的操作场地。

2）识别生理病害所需的实物、照片或幻灯片及其放映设备等。

3）放置实物或标本的操作台若干。

（2）工作任务

1）识别瓜果的3种生理病害。常见生理病害有缺磷、缺钙、缺铁、缺氮等。

2）说明防治方法。

（3）技能要求

1）根据实物标本、照片或幻灯片指出对应的生理病害。

2）根据所回答的生理病害名称指出用何种防治方法。

（4）质量指标

1）症状识别：正确识别3种生理病害的症状。

2）防治：正确指出3种生理病害的主要防治方法。

缺磷症

缺钙症

缺铁症

缺氮症

2. 评分表

试题代码及名称		2.4　瓜果常见生理病害（缺磷等）的识别			考核时间		25 min		
评价要素		配分（分）	等级	评分细则	评定等级				得分（分）
					A	B	C	D	E
1	症状识别：正确识别 3 种生理病害的症状	7	A	正确识别 3 种以上（含 3 种）					
			B	正确识别 2 种					
			C	正确识别 1 种					
			D	经提示，能识别 1 种					
			E	差或未答题					

续表

试题代码及名称		2.4 瓜果常见生理病害（缺磷等）的识别			考核时间		25 min	
评价要素	配分（分）	等级	评分细则		评定等级			得分（分）
				A	B	C	D	E
2 防治：正确指出3种生理病害的主要防治方法	8	A	正确指出3种以上（含3种）					
		B	正确指出2种					
		C	正确指出1种					
		D	经提示，能指出1种					
		E	差或未答题					
合计配分	15		合计得分					

等级	A（优）	B（良）	C（及格）	D（较差）	E（差或未答题）
比值	1.0	0.8	0.6	0.2	0

"评价要素"得分＝配分×等级比值。

四、瓜果常见生理病害（缺钾等）的识别（试题代码：2.5；考核时间：25 min）

1. 试题单

（1）场地设备要求

1）50 m² 左右的教室或100 m² 左右的操作场地。

2）识别生理病害所需的实物、照片或幻灯片及其放映设备等。

3）放置实物或标本的操作台若干。

（2）工作任务

1）识别瓜果的3种生理病害。常见生理病害有缺钾、缺钙、缺氮、缺磷等。

2）说明防治方法。

（3）技能要求

1）根据实物标本、照片或幻灯片指出对应的生理病害。

2）根据所回答的生理病害名称指出用何种防治方法。

（4）质量指标

1）症状识别：正确识别3种生理病害的症状。

2）防治：正确指出3种生理病害的主要防治方法。

缺钾症

缺钙症

缺氮症

缺磷症

2. 评分表

试题代码及名称			2.5 瓜果常见生理病害（缺钾等）的识别		考核时间				25 min	
评价要素	配分（分）	等级	评分细则		评定等级					得分（分）
					A	B	C	D	E	
1 症状识别：正确识别3种生理病害的症状	7	A	正确识别3种以上（含3种）							
		B	正确识别2种							
		C	正确识别1种							
		D	经提示，能识别1种							
		E	差或未答题							

续表

试题代码及名称			2.5 瓜果常见生理病害（缺钾等）的识别		考核时间		25 min		
评价要素		配分（分）	等级	评分细则	评定等级				得分（分）
					A	B	C	D	E	

	评价要素	配分（分）	等级	评分细则	A	B	C	D	E	得分（分）
2	防治：正确指出 3 种生理病害的主要防治方法	8	A	正确指出 3 种以上（含 3 种）						
			B	正确指出 2 种						
			C	正确指出 1 种						
			D	经提示，能指出 1 种						
			E	差或未答题						
合计配分		15		合计得分						

等级	A（优）	B（良）	C（及格）	D（较差）	E（差或未答题）
比值	1.0	0.8	0.6	0.2	0

"评价要素"得分＝配分×等级比值。

五、瓜果常见生理病害（缺钙等）的识别（试题代码：2.6；考核时间：25 min）

1. 试题单

（1）场地设备要求

1）50 m² 左右的教室或 100 m² 左右的操作场地。

2）识别生理病害所需的实物、照片或幻灯片及其放映设备等。

3）放置实物或标本的操作台若干。

（2）工作任务

1）识别瓜果的 3 种生理病害。常见生理病害有缺钙、缺铁、缺钾、缺磷等。

2）说明防治方法。

（3）技能要求

1）根据实物标本、照片或幻灯片指出对应的生理病害。

2）根据所回答的生理病害名称指出用何种防治方法。

（4）质量指标

1）症状识别：正确识别 3 种生理病害的症状。

2）防治：正确指出 3 种生理病害的主要防治方法。

缺钙症

缺铁症

缺钾症

缺磷症

2. 评分表

试题代码及名称			2.6　瓜果常见生理病害（缺钙等）的识别		考核时间			25 min		
评价要素		配分（分）	等级	评分细则	评定等级					得分（分）
					A	B	C	D	E	
1	症状识别：正确识别 3 种生理病害的症状	7	A	正确识别 3 种以上（含 3 种）						
			B	正确识别 2 种						
			C	正确识别 1 种						
			D	经提示，能识别 1 种						
			E	差或未答题						

试题代码及名称		2.6 瓜果常见生理病害（缺钙等）的识别		考核时间		25 min			
评价要素	配分（分）	等级	评分细则	评定等级					得分（分）
				A	B	C	D	E	
2 防治：正确指出3种生理病害的主要防治方法	8	A	正确指出3种以上（含3种）						
		B	正确指出2种						
		C	正确指出1种						
		D	经提示，能指出1种						
		E	差或未答题						
合计配分	15		合计得分						

等级	A（优）	B（良）	C（及格）	D（较差）	E（差或未答题）
比值	1.0	0.8	0.6	0.2	0

"评价要素"得分＝配分×等级比值。

六、农药配制及喷施技术（甲农药550倍、乙农药1 500倍）（试题代码：2.7；考核时间：25 min）

1. 试题单

（1）场地设备要求

1）100 m² 左右的田间场地，栽有瓜类植物。

2）15 kg 容量的喷雾器、量杯、5种农药（或替代品）、清水、天平等实物。

3）放置实物的操作台。

（2）工作任务

1）混合配制甲、乙两种不同的粉剂农药，一起喷施。

2）配制药液10 kg：甲农药550倍、乙农药1 500倍混合配制。

3）用天平准确称取正确剂量的农药。

4）配制后正确、均匀地喷施在植株上。

（3）技能要求

1）计算、称量要正确。

2）农药要搅拌均匀。

3）喷施农药时要注意风向及喷雾枪头的方向。

4）喷施的雾点要细，各叶片上药液要均匀一致。

（4）质量指标

1）计算、称量：计算、称量要正确。

2）混合：农药按先后顺序混合，并搅拌得很均匀。

3）喷施：喷施的雾点要细，各叶片上药液要均匀一致，并注意风向及喷雾枪头的方向。

4）文明操作与安全：操作规范、安全、文明，场地整洁。

2. 评分表

试题代码及名称			2.7　农药配制及喷施技术（甲农药 550 倍、乙农药 1 500 倍）		考核时间		25 min			
评价要素	配分（分）	等级	评分细则		评定等级					得分（分）
					A	B	C	D	E	
1　计算、称量：计算、称量要正确	5	A	完全正确							
		B	甲或乙农药称量误差在 20% 以下，另一种完全正确							
		C	甲或乙农药称量误差在 20%～50%，另一种完全正确							
		D	甲、乙两种农药称量误差均在 30% 以上							
		E	差或未答题							
2　混合：农药按先后顺序混合，并搅拌得很均匀	5	A	分别按要求配制母液，达到稀释浓度，搅拌均匀							
		B	基本能配制母液，达到稀释浓度，搅拌均匀							
		C	基本达到稀释浓度，搅拌基本均匀							
		D	达到稀释浓度，搅拌不均匀；或未达到稀释浓度，搅拌均匀							
		E	差或未答题							

续表

试题代码及名称			2.7　农药配制及喷施技术（甲农药 550 倍、乙农药 1 500 倍）		考核时间				25 min	
评价要素	配分（分）	等级	评分细则			评定等级				得分（分）
				A	B	C	D	E		
3　喷施：喷施的雾点要细，各叶片上药液要均匀一致，并注意风向及喷雾枪头的方向	3	A	操作完全正确							
		B	喷施方法正确，叶片上药液基本均匀一致							
		C	喷施方法基本正确，叶片上药液基本均匀一致							
		D	喷施方法不正确，叶片上药液基本均匀一致							
		E	差或未答题							
4　文明操作与安全：操作规范、安全、文明，场地整洁	2	A	操作规范，场地整洁，操作工具摆放安全							
		B	操作规范，场地较整洁，操作工具摆放安全							
		C	操作规范，场地部分不整洁，操作工具摆放安全							
		D	操作规范，场地部分不整洁，操作工具摆放不安全							
		E	差或未答题							
合计配分	15		合计得分							

等级	A（优）	B（良）	C（及格）	D（较差）	E（差或未答题）
比值	1.0	0.8	0.6	0.2	0

"评价要素"得分＝配分×等级比值。

七、农药配制及喷施技术（甲农药 1 000 倍、乙农药 1 500 倍）（试题代码：2.8；考核时间：25 min）

1. 试题单

（1）场地设备要求

1）100 m² 左右的田间场地，栽有瓜类植物。

2）15 kg 容量的喷雾器、量杯、5 种农药（或替代品）、清水、天平等实物。

3）放置实物的操作台。

（2）工作任务

1）混合配制甲、乙两种不同的粉剂农药，一起喷施。

2）配制药液 10 kg：甲农药 1 000 倍、乙农药 1 500 倍混合配制。

3）用天平准确称取正确剂量的农药。

4）配制后正确、均匀地喷施在植株上。

（3）技能要求

1）计算、称量要正确。

2）农药要搅拌均匀。

3）喷施农药时要注意风向及喷雾枪头的方向。

4）喷施的雾点要细，各叶片上药液要均匀一致。

（4）质量指标

1）计算、称量：计算、称量要正确。

2）混合：农药按先后顺序混合，并搅拌得很均匀。

3）喷施：喷施的雾点要细，各叶片上药液要均匀一致，并注意风向及喷雾枪头的方向。

4）文明操作与安全：操作规范、安全、文明，场地整洁。

2. 评分表

试题代码及名称		2.8 农药配制及喷施技术（甲农药 1 000 倍、乙农药 1 500 倍）			考核时间			25 min		
评价要素	配分（分）	等级	评分细则		评定等级					得分（分）
					A	B	C	D	E	
1 计算、称量：计算、称量要正确	5	A	完全正确							
		B	甲或乙农药称量误差在 20% 以下，另一种完全正确							
		C	甲或乙农药称量误差在 20%～50%，另一种完全正确							
		D	甲、乙两种农药称量误差均在 30% 以上							
		E	差或未答题							

续表

试题代码及名称				2.8　农药配制及喷施技术（甲农药1 000倍、乙农药1 500倍）	考核时间	25 min				

评价要素		配分（分）	等级	评分细则	评定等级					得分（分）
					A	B	C	D	E	
2	混合：农药按先后顺序混合，并搅拌得很均匀	5	A	分别按要求配制母液，达到稀释浓度，搅拌均匀						
			B	基本能配制母液，达到稀释浓度，搅拌均匀						
			C	基本达到稀释浓度，搅拌基本均匀						
			D	达到稀释浓度，搅拌不均匀；或未达到稀释浓度，搅拌均匀						
			E	差或未答题						
3	喷施：喷施的雾点要细，各叶片上药液要均匀一致，并注意风向及喷雾枪头的方向	3	A	操作完全正确						
			B	喷施方法正确，叶片上药液基本均匀一致						
			C	喷施方法基本正确，叶片上药液基本均匀一致						
			D	喷施方法不正确，叶片上药液基本均匀一致						
			E	差或未答题						
4	文明操作与安全：操作规范、安全、文明，场地整洁	2	A	操作规范，场地整洁，操作工具摆放安全						
			B	操作规范，场地较整洁，操作工具摆放安全						
			C	操作规范，场地部分不整洁，操作工具摆放安全						
			D	操作规范，场地部分不整洁，操作工具摆放不安全						
			E	差或未答题						
合计配分		15		合计得分						

等级	A（优）	B（良）	C（及格）	D（较差）	E（差或未答题）
比值	1.0	0.8	0.6	0.2	0

"评价要素"得分＝配分×等级比值。

八、农药配制及喷施技术（甲农药 500 倍、乙农药 700 倍）（试题代码：2.9；考核时间：25 min）

1. 试题单

（1）场地设备要求

1）100 m² 左右的田间场地，栽有瓜类植物。

2）15 kg 容量的喷雾器、量杯、5 种农药（或替代品）、清水、天平等实物。

3）放置实物的操作台。

（2）工作任务

1）混合配制甲、乙两种不同的粉剂农药，一起喷施。

2）配制药液 10 kg：甲农药 500 倍、乙农药 700 倍混合配制。

3）用天平准确称取正确剂量的农药。

4）配制后正确、均匀地喷施在植株上。

（3）技能要求

1）计算、称量要正确。

2）农药要搅拌均匀。

3）喷施农药时要注意风向及喷雾枪头的方向。

4）喷施的雾点要细，各叶片上药液要均匀一致。

（4）质量指标

1）计算、称量：计算、称量要正确。

2）混合：农药按先后顺序混合，并搅拌得很均匀。

3）喷施：喷施的雾点要细，各叶片上药液要均匀一致，并注意风向及喷雾枪头的方向。

4）文明操作与安全：操作规范、安全、文明，场地整洁。

2. 评分表

试题代码及名称			2.9 农药配制及喷施技术（甲农药 500 倍、乙农药 700 倍）			考核时间			25 min	
评价要素	配分（分）	等级	评分细则	评定等级					得分（分）	
				A	B	C	D	E		
1 计算、称量：计算、称量要正确	5	A	完全正确							
		B	甲或乙农药称量误差在 20％以下，另一种完全正确							
		C	甲或乙农药称量误差在 20％～50％以下，另一种完全正确							
		D	甲、乙两种农药称量误差均在 30％以上							
		E	差或未答题							
2 混合：农药按先后顺序混合，并搅拌得很均匀	5	A	分别按要求配制母液，达到稀释浓度，搅拌均匀							
		B	基本能配制母液，达到稀释浓度，搅拌均匀							
		C	基本达到稀释浓度，搅拌基本均匀							
		D	达到稀释浓度，搅拌不均匀；或未达到稀释浓度，搅拌均匀							
		E	差或未答题							
3 喷施：喷施的雾点要细，各叶片上药液要均匀一致，并注意风向及喷雾枪头的方向	3	A	操作完全正确							
		B	喷施方法正确，叶片上药液基本均匀一致							
		C	喷施方法基本正确，叶片上药液基本均匀一致							
		D	喷施方法不正确，叶片上药液基本均匀一致							
		E	差或未答题							

续表

试题代码及名称		2.9　农药配制及喷施技术（甲农药 500 倍、乙农药 700 倍）			考核时间		25 min			
评价要素		配分（分）	等级	评分细则	评定等级					得分（分）
					A	B	C	D	E	
4	文明操作与安全：操作规范、安全、文明，场地整洁	2	A	操作规范，场地整洁，操作工具摆放安全						
			B	操作规范，场地较整洁，操作工具摆放安全						
			C	操作规范，场地部分不整洁，操作工具摆放安全						
			D	操作规范，场地部分不整洁，操作工具摆放不安全						
			E	差或未答题						
合计配分		15		合计得分						

等级	A（优）	B（良）	C（及格）	D（较差）	E（差或未答题）
比值	1.0	0.8	0.6	0.2	0

"评价要素"得分＝配分×等级比值。

九、农药配制及喷施技术（甲农药 1 500 倍、乙农药 2 500 倍）（试题代码：2.10；考核时间：25 min）

1. 试题单

（1）场地设备要求

1）100 m² 左右的田间场地，栽有瓜类植物。

2）15 kg 容量的喷雾器、量杯、5 种农药（或替代品）、清水、天平等实物。

3）放置实物的操作台。

（2）工作任务

1）混合配制甲、乙两种不同的粉剂农药，一起喷施。

2）配制药液 10 kg：甲农药 1 500 倍、乙农药 2 500 倍混合配制。

3）用天平准确称取正确剂量的农药。

4）配制后正确、均匀地喷施在植株上。

（3）技能要求

1）计算、称量要正确。

2）农药要搅拌均匀。

3）喷施农药时要注意风向及喷雾枪头的方向。

4）喷施的雾点要细，各叶片上药液要均匀一致。

（4）质量指标

1）计算、称量：计算、称量要正确。

2）混合：农药按先后顺序混合，并搅拌得很均匀。

3）喷施：喷施的雾点要细，各叶片上药液要均匀一致，并注意风向及喷雾枪头的方向。

4）文明操作与安全：操作规范、安全、文明，场地整洁。

2. 评分表

试题代码及名称			2.10 农药配制及喷施技术（甲农药1 500倍、乙农药2 500倍）			考核时间		25 min		
评价要素		配分（分）	等级	评分细则	评定等级					得分（分）
					A	B	C	D	E	
1	计算、称量：计算、称量要正确	5	A	完全正确						
			B	甲或乙农药称量误差在20%以下，另一种完全正确						
			C	甲或乙农药称量误差在20%～50%，另一种完全正确						
			D	甲、乙两种农药称量误差均在30%以上						
			E	差或未答题						
2	混合：农药按先后顺序混合，并搅拌得很均匀	5	A	分别按要求配制母液，达到稀释浓度，搅拌均匀						
			B	基本能配制母液，达到稀释浓度，搅拌均匀						
			C	基本达到稀释浓度，搅拌基本均匀						
			D	达到稀释浓度，搅拌不均匀；或未达到稀释浓度，搅拌均匀						
			E	差或未答题						

续表

试题代码及名称			2.10　农药配制及喷施技术（甲农药 1 500 倍、乙农药 2 500 倍）		考核时间				25 min	
评价要素		配分（分）	等级	评分细则	评定等级					得分（分）
					A	B	C	D	E	
3	喷施：喷施的雾点要细，各叶片上药液要均匀一致，并注意风向及喷雾枪头的方向	3	A	操作完全正确						
			B	喷施方法正确，叶片上药液基本均匀一致						
			C	喷施方法基本正确，叶片上药液基本均匀一致						
			D	喷施方法不正确，叶片上药液基本均匀一致						
			E	差或未答题						
4	文明操作与安全：操作规范、安全、文明，场地整洁	2	A	操作规范，场地整洁，操作工具摆放安全						
			B	操作规范，场地较整洁，操作工具摆放安全						
			C	操作规范，场地部分不整洁，操作工具摆放安全						
			D	操作规范，场地部分不整洁，操作工具摆放不安全						
			E	差或未答题						
合计配分		15		合计得分						

等级	A（优）	B（良）	C（及格）	D（较差）	E（差或未答题）
比值	1.0	0.8	0.6	0.2	0

"评价要素"得分＝配分×等级比值。

十、农药配制及喷施技术（甲农药 600 倍、乙农药 2 000 倍）（试题代码：2.11；考核时间：25 min）

1. 试题单

（1）场地设备要求

1）100 m² 左右的田间场地，栽有瓜类植物。

2）15 kg 容量的喷雾器、量杯、5 种农药（或替代品）、清水、天平等实物。

3）放置实物的操作台。

（2）工作任务

1）混合配制甲、乙两种不同的乳剂农药，一起喷施。

2）配制药液 10 kg：甲农药 600 倍、乙农药 2 000 倍混合配制。

3）用天平准确称取正确剂量的农药。

4）配制后正确、均匀地喷施在植株上。

（3）技能要求

1）计算、称量要正确。

2）农药要搅拌均匀。

3）喷施农药时要注意风向及喷雾枪头的方向。

4）喷施的雾点要细，各叶片上药液要均匀一致。

（4）质量指标

1）计算、称量：计算、称量要正确。

2）混合：农药按先后顺序混合，并搅拌得很均匀。

3）喷施：喷施的雾点要细，各叶片上药液要均匀一致，并注意风向及喷雾枪头的方向。

4）文明操作与安全：操作规范、安全、文明，场地整洁。

2. 评分表

试题代码及名称		2.11　农药配制及喷施技术（甲农药 600 倍、乙农药 2 000 倍）			考核时间		25 min			
评价要素		配分（分）	等级	评分细则	评定等级					得分（分）
					A	B	C	D	E	
1	计算、称量：计算、称量要正确	5	A	完全正确						
			B	甲或乙农药称量误差在 20％以下，另一种完全正确						
			C	甲或乙农药称量误差在 20％～50％，另一种完全正确						
			D	甲、乙两种农药称量误差均在 30％以上						
			E	差或未答题						

试题代码及名称			2.11　农药配制及喷施技术（甲农药 600 倍、乙农药 2 000 倍）		考核时间					25 min	
评价要素		配分（分）	等级	评分细则	评定等级					得分（分）	
					A	B	C	D	E		
2	混合：农药按先后顺序混合，并搅拌得很均匀	5	A	分别按要求配制母液，达到稀释浓度，搅拌均匀							
			B	基本能配制母液，达到稀释浓度，搅拌均匀							
			C	基本达到稀释浓度，搅拌基本均匀							
			D	达到稀释浓度，搅拌不均匀；或未达到稀释浓度，搅拌均匀							
			E	差或未答题							
3	喷施：喷施的雾点要细，各叶片上药液要均匀一致，并注意风向及喷雾枪头的方向	3	A	操作完全正确							
			B	喷施方法正确，叶片上药液基本均匀一致							
			C	喷施方法基本正确，叶片上药液基本均匀一致							
			D	喷施方法不正确，叶片上药液基本均匀一致							
			E	差或未答题							
4	文明操作与安全：操作规范、安全、文明，场地整洁	2	A	操作规范，场地整洁，操作工具摆放安全							
			B	操作规范，场地较整洁，操作工具摆放安全							
			C	操作规范，场地部分不整洁，操作工具摆放安全							
			D	操作规范，场地部分不整洁，操作工具摆放不安全							
			E	差或未答题							
合计配分		15		合计得分							

等级	A（优）	B（良）	C（及格）	D（较差）	E（差或未答题）
比值	1.0	0.8	0.6	0.2	0

"评价要素"得分＝配分×等级比值。

西瓜栽培技术

一、西瓜双蔓整枝及压蔓（试题代码：3.1；考核时间：25 min）

1. 试题单

（1）场地设备要求

1）1 个标准大棚操作场地。

2）剪刀、小型喷雾机等实物。

3）1 m 左右的西瓜植株 60 株。

（2）工作任务

1）挑选 1 条主蔓、1 条侧蔓，留着结瓜蔓，其余的侧枝剪去。

2）把结瓜蔓向大棚边引蔓，并用土块压住。

3）将 2 条留瓜蔓（1 条主蔓、1 条侧蔓）上的子蔓或孙蔓也抹去。

4）整枝后用杀菌剂喷施防病。

（3）技能要求

1）除了留主蔓外，挑选 1 条最粗大的侧蔓（结瓜蔓）留下。

2）结瓜蔓上的每节侧枝都要抹去。

3）过大的侧枝可用消毒过的剪刀剪去。

4）用土块压蔓时，小心不要碰伤瓜蔓。

（4）质量指标

1）整枝方法：除了留主蔓外，挑选 1 条最粗大的侧蔓留下，结瓜蔓上的侧枝都要抹去，压蔓方向正确。

2）熟练程度：在规定的时间内完成全部整枝压蔓操作。

3）文明操作与安全：操作规范、安全、文明，场地整洁。

2. 评分表

试题代码及名称			3.1　西瓜双蔓整枝及压蔓		考核时间		25 min			
评价要素		配分（分）	等级	评分细则	评定等级					得分（分）
					A	B	C	D	E	
1	整枝方法：除了留主蔓外，挑选1条最粗大的侧蔓留下，结瓜蔓上的侧枝都要抹去，压蔓方向正确	8	A	操作正确，符合要求						
			B	80%以上的操作符合要求						
			C	60%～80%的操作符合要求						
			D	30%～60%的操作符合要求						
			E	差或未答题						
2	熟练程度：在规定的时间内完成全部整枝压蔓操作	7	A	全部完成						
			B	完成80%以上						
			C	完成60%～80%						
			D	完成30%～60%						
			E	差或未答题						
3	文明操作与安全：操作规范、安全、文明、场地整洁	5	A	操作规范，场地整洁，操作工具摆放安全						
			B	操作规范，场地较整洁，操作工具摆放安全						
			C	操作规范，场地部分不整洁，操作工具摆放安全						
			D	操作规范，场地部分不整洁，操作工具摆放不安全						
			E	差或未答题						
合计配分		20		合计得分						

等级	A（优）	B（良）	C（及格）	D（较差）	E（差或未答题）
比值	1.0	0.8	0.6	0.2	0

"评价要素"得分＝配分×等级比值。

二、西瓜嫁接技术（顶插接法）（试题代码：3.2；考核时间：25 min)

1. 试题单

（1）场地设备要求

1）100 m² 左右的操作场地。

2）已育好的接穗和砧木各 20 株。

3）嫁接用品：嫁接小刀、嫁接夹子、嫁接竹签。

4）搭建好的塑料薄膜、小拱棚、遮阳网等。

5）放置实物或标本的操作台若干。

（2）工作任务

1）鉴别接穗和砧木。

2）按正确的方法与步骤进行接穗和砧木嫁接。

3）合理放置嫁接后的嫁接苗。

4）完成 12 株嫁接苗。

5）文明操作。

（3）技能要求

1）在规定的时间内完成 12 株嫁接苗。

2）嫁接方法规范正确，操作文明安全，操作场地干净整洁。

（4）质量指标

1）鉴别：正确鉴别接穗和砧木。

2）嫁接方法：砧木生长点完全去除，嫁接针插入砧木的深度符合要求，接穗插入砧木后不能摇晃。

3）放置：嫁接苗放置在湿润、遮阳、保湿的拱棚内。

4）熟练程度：在规定的时间内完成规定数量的嫁接苗。

5）文明操作与安全：操作规范、安全、文明，场地整洁。

2. 评分表

试题代码及名称			3.2　西瓜嫁接技术（顶插接法）		考核时间		25 min			
评价要素		配分（分）	等级	评分细则	评定等级					得分（分）
					A	B	C	D	E	
1	鉴别：正确鉴别接穗和砧木	3	A	正确鉴别						
			B	基本能鉴别						
			C	经提示能鉴别						
			D	—						
			E	差或未答题						

续表

试题代码及名称			3.2　西瓜嫁接技术（顶插接法）		考核时间		25 min			
评价要素		配分（分）	等级	评分细则	评定等级					得分（分）
					A	B	C	D	E	
2	嫁接方法： 砧木生长点完全去除，嫁接针插入砧木的深度符合要求，接穗插入砧木后不能摇晃	8	A	技术完全符合要求						
			B	技术基本符合要求						
			C	嫁接损苗在 20% 以下						
			D	嫁接损苗在 20%～50%						
			E	差或未答题						
3	放置： 嫁接苗放置在湿润、遮阳、保湿的拱棚内	2	A	符合要求						
			B	—						
			C	基本符合要求						
			D	—						
			E	差或未答题						
4	熟练程度： 在规定的时间内完成规定数量的嫁接苗	4	A	全部完成						
			B	完成 80% 以上						
			C	完成 60%～80%						
			D	完成 30%～60%						
			E	差或未答题						
5	文明操作与安全： 操作规范、安全、文明，场地整洁	3	A	操作规范，场地整洁，操作工具摆放安全						
			B	操作规范，场地较整洁，操作工具摆放安全						
			C	操作规范，场地部分不整洁，操作工具摆放安全						
			D	操作规范，场地部分不整洁，操作工具摆放不安全						
			E	差或未答题						
合计配分		20		合计得分						

等级	A（优）	B（良）	C（及格）	D（较差）	E（差或未答题）
比值	1.0	0.8	0.6	0.2	0

"评价要素"得分＝配分×等级比值。

三、西瓜主要病虫害（西瓜枯萎病等）的识别与防治（试题代码：3.4；考核时间：25 min）

1. 试题单

（1）场地设备要求

1）50 m² 左右的教室或 100 m² 左右的操作场地。

2）识别病虫害所需要的实物、照片或幻灯片及其放映设备等。

3）放置实物或标本的操作台若干。

（2）工作任务

1）识别西瓜病害 3 种及对应的常用药剂。常见西瓜病害有西瓜枯萎病、西瓜白粉病、西瓜病毒病等。

2）识别西瓜虫害 2 种及对应的常用药剂。常见西瓜虫害有瓜蚜、叶螨（红蜘蛛）、美洲斑潜蝇等。

（3）技能要求

1）根据实物标本、照片或幻灯片指出对应的病害或虫害。

2）根据所回答的病虫害名称指出用何种药剂（1～2 种）防治。

（4）质量指标

1）病害识别：识别西瓜病害。

2）虫害识别：识别西瓜虫害。

3）药剂防治：指出防治每种病害、虫害的药剂名称。

西瓜枯萎病

西瓜白粉病

西瓜病毒病

瓜蚜

叶螨（红蜘蛛）

美洲斑潜蝇

2. 评分表

试题代码及名称			3.4　西瓜主要病虫害（西瓜枯萎病等）的识别与防治	考核时间					25 min	
评价要素	配分（分）	等级	评分细则	评定等级					得分（分）	
				A	B	C	D	E		
1　病害识别：识别西瓜病害	6	A	能正确识别 3 种病害							
		B	能正确识别 2 种病害							
		C	能正确识别 1 种病害，经提示能正确识别另外 1 种病害							
		D	能正确识别 1 种病害							
		E	差或未答题							

续表

试题代码及名称		3.4 西瓜主要病虫害（西瓜枯萎病等）的识别与防治		考核时间		25 min			
评价要素	配分（分）	等级	评分细则	评定等级					得分（分）
				A	B	C	D	E	
2 虫害识别：识别西瓜虫害	6	A	能正确识别 2 种以上（含 2 种）虫害						
		B	能正确识别 1 种虫害，经提示能正确识别另外 1 种虫害						
		C	能正确识别 1 种虫害						
		D	经提示能正确识别 1 种虫害						
		E	差或未答题						
3 药剂防治：指出防治每种病害、虫害的药剂名称	8	A	全部正确						
		B	有 1～2 个错误						
		C	有 3～4 个错误						
		D	有 5～6 个错误						
		E	差或未答题						
合计配分	20		合计得分						

等级	A（优）	B（良）	C（及格）	D（较差）	E（差或未答题）
比值	1.0	0.8	0.6	0.2	0

"评价要素"得分＝配分×等级比值。

四、西瓜主要病虫害（西瓜炭疽病等）的识别与防治（试题代码：3.5；考核时间：25 min）

1. 试题单

（1）场地设备要求

1）50 m² 左右的教室或 100 m² 左右的操作场地。

2）识别病虫害所需要的实物、照片或幻灯片及其放映设备等。

3）放置实物或标本的操作台若干。

（2）工作任务

1）识别西瓜病害 3 种及对应的常用药剂。常见西瓜病害有西瓜炭疽病、西瓜白粉病、西瓜病毒病等。

2）识别西瓜虫害 2 种及对应的常用药剂。常见西瓜虫害有叶螨（红蜘蛛）、美洲斑潜蝇、斜纹夜蛾等。

（3）技能要求

1）根据实物标本、照片或幻灯片指出对应的病害或虫害。

2）根据所回答的病虫害名称指出用何种药剂（1～2 种）防治。

（4）质量指标

1）病害识别：识别西瓜病害。

2）虫害识别：识别西瓜虫害。

3）药剂防治：指出防治每种病害、虫害的药剂名称。

西瓜炭疽病

西瓜白粉病

西瓜病毒病

叶螨（红蜘蛛）

美洲斑潜蝇

斜纹夜蛾

2. 评分表

试题代码及名称			3.5　西瓜主要病虫害（西瓜炭疽病等）的识别与防治			考核时间			25 min	
评价要素	配分（分）	等级	评分细则	评定等级					得分（分）	
				A	B	C	D	E		
1　病害识别：识别西瓜病害	6	A	能正确识别 3 种病害							
		B	能正确识别 2 种病害							
		C	能正确识别 1 种病害，经提示能正确识别另外 1 种病害							
		D	能正确识别 1 种病害							
		E	差或未答题							
2　虫害识别：识别西瓜虫害	6	A	能正确识别 2 种以上（含 2 种）虫害							
		B	能正确识别 1 种虫害，经提示能正确识别另外 1 种虫害							
		C	能正确识别 1 种虫害							
		D	经提示能正确识别 1 种虫害							
		E	差或未答题							

续表

试题代码及名称			3.5　西瓜主要病虫害（西瓜炭疽病等）的识别与防治		考核时间			25 min	
评价要素		配分（分）	等级	评分细则	评定等级				得分（分）
					A	B	C	D	E
3	药剂防治：指出防治每种病害、虫害的药剂名称	8	A	全部正确					
			B	有 1～2 个错误					
			C	有 3～4 个错误					
			D	有 5～6 个错误					
			E	差或未答题					
合计配分		20		合计得分					

等级	A（优）	B（良）	C（及格）	D（较差）	E（差或未答题）
比值	1.0	0.8	0.6	0.2	0

"评价要素"得分＝配分×等级比值。

五、西瓜主要病虫害（西瓜病毒病等）的识别与防治（试题代码：3.6；考核时间：25 min）

1. 试题单

（1）场地设备要求

1）50 m² 左右的教室或 100 m² 左右的操作场地。

2）识别病虫害所需要的实物、照片或幻灯片及其放映设备等。

3）放置实物或标本的操作台若干。

（2）工作任务

1）识别西瓜病害 3 种及对应的常用药剂。常见西瓜病害有西瓜病毒病、西瓜炭疽病、西瓜枯萎病等。

2）识别西瓜虫害 2 种及对应的常用药剂。常见西瓜虫害有瓜螟、小地老虎、烟粉虱等。

（3）技能要求

1）根据实物标本、照片或幻灯片指出对应的病害或虫害。

2）根据所回答的病虫害名称指出用何种药剂（1～2 种）防治。

（4）质量指标

1）病害识别：识别西瓜病害。

2）虫害识别：识别西瓜虫害。

3）药剂防治：指出防治每种病害、虫害的药剂名称。

西瓜病毒病

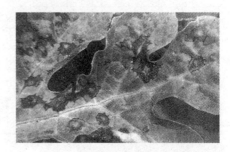

西瓜炭疽病

西瓜枯萎病

瓜螟

小地老虎

烟粉虱

2. 评分表

试题代码及名称			3.6　西瓜主要病虫害（西瓜病毒病等）的识别与防治		考核时间		25 min			
评价要素		配分（分）	等级	评分细则	评定等级					得分（分）
					A	B	C	D	E	
1	病害识别：识别西瓜病害	6	A	能正确识别3种病害						
			B	能正确识别2种病害						
			C	能正确识别1种病害，经提示能正确识别另外1种病害						
			D	能正确识别1种病害						
			E	差或未答题						
2	虫害识别：识别西瓜虫害	6	A	能正确识别2种以上（含2种）虫害						
			B	能正确识别1种虫害，经提示能正确识别另外1种虫害						
			C	能正确识别1种虫害						
			D	经提示能正确识别1种虫害						
			E	差或未答题						
3	药剂防治：指出防治每种病害、虫害的药剂名称	8	A	全部正确						
			B	有1～2个错误						
			C	有3～4个错误						
			D	有5～6个错误						
			E	差或未答题						
合计配分		20		合计得分						

等级	A（优）	B（良）	C（及格）	D（较差）	E（差或未答题）
比值	1.0	0.8	0.6	0.2	0

"评价要素"得分＝配分×等级比值。

六、西瓜主要病虫害（西瓜白粉病等）的识别与防治（试题代码：3.7；考核时间：25 min）

1. 试题单

（1）场地设备要求

1）50 m² 左右的教室或 100 m² 左右的操作场地。

2）识别病虫害所需要的实物、照片或幻灯片及其放映设备等。

3）放置实物或标本的操作台若干。

（2）工作任务

1）识别西瓜病害3种及对应的常用药剂。常见西瓜病害有西瓜白粉病、西瓜疫病、西瓜枯萎病等。

2）识别西瓜虫害2种及对应的常用药剂。常见西瓜虫害有瓜蚜、美洲斑潜蝇、烟粉虱等。

（3）技能要求

1）根据实物标本、照片或幻灯片指出对应的病害或虫害。

2）根据所回答的病虫害名称指出用何种药剂（1～2种）防治。

（4）质量指标

1）病害识别：识别西瓜病害。

2）虫害识别：识别西瓜虫害。

3）药剂防治：指出防治每种病害、虫害的药剂名称。

西瓜白粉病

西瓜疫病

西瓜枯萎病

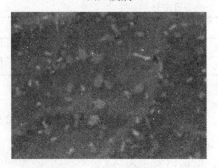
瓜蚜

美洲斑潜蝇

烟粉虱

2. 评分表

试题代码及名称			3.7　西瓜主要病虫害（西瓜白粉病等）的识别与防治		考核时间		25 min		
评价要素		配分（分）	等级	评分细则	评定等级				得分（分）
					A	B	C	D	E	
1	病害识别：识别西瓜病害	6	A	能正确识别 3 种病害						
			B	能正确识别 2 种病害						
			C	能正确识别 1 种病害，经提示能正确识别另外 1 种病害						
			D	能正确识别 1 种病害						
			E	差或未答题						
2	虫害识别：识别西瓜虫害	6	A	能正确识别 2 种以上（含 2 种）虫害						
			B	能正确识别 1 种虫害，经提示能正确识别另外 1 种虫害						
			C	能正确识别 1 种虫害						
			D	经提示能正确识别 1 种虫害						
			E	差或未答题						

试题代码及名称			3.7 西瓜主要病虫害（西瓜白粉病等）的识别与防治		考核时间		25 min	
评价要素		配分（分）	等级	评分细则	评定等级			得分（分）
					A B	C D E		
3	药剂防治：指出防治每种病害、虫害的药剂名称	8	A	全部正确				
			B	有 1～2 个错误				
			C	有 3～4 个错误				
			D	有 5～6 个错误				
			E	差或未答题				
合计配分		20		合计得分				

等级	A（优）	B（良）	C（及格）	D（较差）	E（差或未答题）
比值	1.0	0.8	0.6	0.2	0

"评价要素"得分＝配分×等级比值。

七、西瓜主要病虫害（瓜蚜等）的识别与防治（试题代码：3.8；考核时间：25 min）

1. 试题单

（1）场地设备要求

1）50 m² 左右的教室或 100 m² 左右的操作场地。

2）识别病虫害所需要的实物、照片或幻灯片及其放映设备等。

3）放置实物或标本的操作台若干。

（2）工作任务

1）识别西瓜病害 3 种及对应的常用药剂。常见西瓜病害有西瓜白粉病、西瓜枯萎病、西瓜炭疽病等。

2）识别西瓜虫害 2 种及对应的常用药剂。常见西瓜虫害有瓜蚜、美洲斑潜蝇、烟粉虱等。

（3）技能要求

1）根据实物标本、照片或幻灯片指出对应的病害或虫害。

2）根据所回答的病虫害名称指出用何种药剂（1～2 种）防治。

（4）质量指标

1）病害识别：识别西瓜病害。

2）虫害识别：识别西瓜虫害。

3）药剂防治：指出防治每种病害、虫害的药剂名称。

西瓜白粉病

西瓜枯萎病

西瓜炭疽病

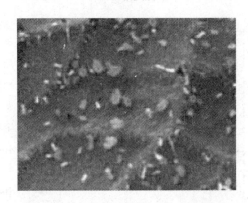
瓜蚜

美洲斑潜蝇

烟粉虱

2. 评分表

试题代码及名称			3.8 西瓜主要病虫害（瓜蚜等）的识别与防治		考核时间			25 min		
评价要素		配分（分）	等级	评分细则	评定等级					得分（分）
					A	B	C	D	E	
1	病害识别：识别西瓜病害	6	A	能正确识别 3 种病害						
			B	能正确识别 2 种病害						
			C	能正确识别 1 种病害，经提示能正确识别另外 1 种病害						
			D	能正确识别 1 种病害						
			E	差或未答题						
2	虫害识别：识别西瓜虫害	6	A	能正确识别 2 种以上（含 2 种）虫害						
			B	能正确识别 1 种虫害，经提示能正确识别另外 1 种虫害						
			C	能正确识别 1 种虫害						
			D	经提示能正确识别 1 种虫害						
			E	差或未答题						
3	药剂防治：指出防治每种病害、虫害的药剂名称	8	A	全部正确						
			B	有 1～2 个错误						
			C	有 3～4 个错误						
			D	有 5～6 个错误						
			E	差或未答题						
合计配分		20		合计得分						

等级	A（优）	B（良）	C（及格）	D（较差）	E（差或未答题）
比值	1.0	0.8	0.6	0.2	0

"评价要素"得分＝配分×等级比值。

八、西瓜主要病虫害（烟粉虱等）的识别与防治（试题代码：3.9；考核时间：25 min）

1. 试题单

（1）场地设备要求

1）50 m² 左右的教室或 100 m² 左右的操作场地。

2）识别病虫害所需要的实物、照片或幻灯片及其放映设备等。

3）放置实物或标本的操作台若干。

（2）工作任务

1）识别西瓜病害3种及对应的常用药剂。常见西瓜病害有西瓜白粉病、西瓜疫病、西瓜炭疽病等。

2）识别西瓜虫害2种及对应的常用药剂。常见西瓜虫害有瓜蚜、美洲斑潜蝇、烟粉虱等。

（3）技能要求

1）根据实物标本、照片或幻灯片指出对应的病害或虫害。

2）根据所回答的病虫害名称指出用何种药剂（1～2种）防治。

（4）质量指标

1）病害识别：识别西瓜病害。

2）虫害识别：识别西瓜虫害。

3）药剂防治：指出防治每种病害、虫害的药剂名称。

西瓜白粉病

西瓜疫病

西瓜炭疽病

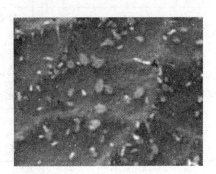
瓜蚜

美洲斑潜蝇

烟粉虱

2. 评分表

试题代码及名称			3.9 西瓜主要病虫害（烟粉虱等）的识别与防治		考核时间			25 min		
评价要素	配分（分）	等级	评分细则	评定等级					得分（分）
				A	B	C	D	E	
1 病害识别：识别西瓜病害	6	A	能正确识别3种病害						
		B	能正确识别2种病害						
		C	能正确识别1种病害，经提示能正确识别另外1种病害						
		D	能正确识别1种病害						
		E	差或未答题						
2 虫害识别：识别西瓜虫害	6	A	能正确识别2种以上（含2种）虫害						
		B	能正确识别1种虫害，经提示能正确识别另外1种虫害						
		C	能正确识别1种虫害						
		D	经提示能正确识别1种虫害						
		E	差或未答题						

续表

试题代码及名称			3.9　西瓜主要病虫害（烟粉虱等）的识别与防治					考核时间		25 min	
评价要素		配分（分）	等级	评分细则	评定等级						得分（分）
					A	B	C	D	E		
3	药剂防治：指出防治每种病害、虫害的药剂名称	8	A	全部正确							
			B	有 1～2 个错误							
			C	有 3～4 个错误							
			D	有 5～6 个错误							
			E	差或未答题							
合计配分		20		合计得分							

等级	A（优）	B（良）	C（及格）	D（较差）	E（差或未答题）
比值	1.0	0.8	0.6	0.2	0

"评价要素"得分＝配分×等级比值。

甜瓜栽培技术

一、甜瓜春季育苗关键技术（试题代码：4.1；考核时间：25 min）

1. 试题单

（1）场地设备要求

1）50 m² 左右的育苗操作场地。

2）育苗用 8 cm×8 cm 营养钵 60 个。

3）细土、蛭石、腐熟有机肥等。

4）保湿用地膜。

（2）工作任务

1）按 4：2：1 的体积比将细土、蛭石、有机肥混合成营养土。

2）把营养土装在营养钵内。

3）把已装土的营养钵放置在苗床内。

4）在营养钵中浇透水。

5）播种，1 钵播 1 颗种子。

6）播后覆盖营养土。

7）在营养钵上盖薄膜。

（3）技能要求

1）营养土要拌匀。

2）营养钵内的营养土要装 80％满。

3）在装好营养土的营养钵中浇透水，播种后覆盖营养土并盖上薄膜保温。

（4）质量指标

1）基质配制：按一定比例把细土、蛭石、有机肥混合成营养土。

2）装钵、浇水：把营养土装在营养钵内，在装好营养土的营养钵中浇透水。

3）播种、盖土：1 钵播 1 颗种子，播后覆盖营养土 0.5 cm 左右，在营养钵上盖薄膜保温。

4）文明操作与安全：操作规范、安全、文明，场地整洁。

2. 评分表

试题代码及名称			4.1 甜瓜春季育苗关键技术		考核时间		25 min			
评价要素	配分（分）	等级	评分细则	评定等级						得分（分）
				A	B	C	D	E		
1 基质配制：按一定比例把细土、蛭石、有机肥混合成营养土	6	A	比例正确，拌和均匀							
		B	比例基本正确，拌和基本均匀							
		C	比例正确，拌和不均匀；或比例不正确，拌和均匀							
		D	比例不正确，拌和不均匀							
		E	未答题							
2 装钵、浇水：把营养土装在营养钵内，在装好营养土的营养钵中浇透水	5	A	营养土装钵量、浇水完全正确							
		B	营养土装钵量、浇水基本正确							
		C	营养土装钵量基本正确，浇水不正确							
		D	营养土装钵量不正确，浇水不正确							
		E	未答题							

续表

试题代码及名称			4.1　甜瓜春季育苗关键技术		考核时间				25 min	
评价要素		配分（分）	等级	评分细则	评定等级					得分（分）
					A	B	C	D	E	
3	播种、盖土： 1钵播1颗种子，播后覆盖营养土 0.5 cm 左右，在营养钵上盖薄膜保温	7	A	覆土、盖膜均正确						
			B	覆土、盖膜基本正确						
			C	覆土基本正确，盖膜不正确						
			D	覆土不正确，盖膜不正确						
			E	未答题						
4	文明操作与安全： 操作规范、安全、文明，场地整洁	2	A	操作规范，场地整洁，操作工具摆放安全						
			B	操作规范，场地较整洁，操作工具摆放安全						
			C	操作规范，场地部分不整洁，操作工具摆放安全						
			D	操作规范，场地部分不整洁，操作工具摆放不安全						
			E	差或未答题						
合计配分		20		合计得分						

等级	A（优）	B（良）	C（及格）	D（较差）	E（差或未答题）
比值	1.0	0.8	0.6	0.2	0

"评价要素"得分＝配分×等级比值。

二、甜瓜夏季育苗关键技术（试题代码：4.2；考核时间：25 min）

1. 试题单'

（1）场地设备要求

1） 50 m² 左右的育苗操作场地。

2）育苗用 50 孔穴盘 9 个。

3）泥炭土、蛭石、腐熟有机肥等。

4）保湿用地膜。

（2）工作任务

1）按 2∶2∶1 的体积比把泥炭土、蛭石、有机肥混合成营养土。

2）把 9 个育苗用穴盘放置在苗床内。

3）把营养土装在穴盘内并压实。

4）在装好营养土的穴盘中浇透水。

5）播种，1穴播1颗种子。

6）播后覆盖营养土。

7）在穴盘上盖薄膜。

（3）技能要求

1）穴盘装营养土必须均匀，每个穴孔都应装满，然后压实。

2）播种盖土后可用手拍实、拍平。

（4）质量指标

1）基质配制：按一定比例把泥炭土、蛭石、有机肥混合成营养土。

2）装穴盘、浇水：把营养土装在穴盘内并压实，然后浇透水。

3）播种、盖土：1穴播1颗种子，播后覆盖营养土0.5 cm左右，在穴盘上盖薄膜。

4）文明操作与安全：操作规范、安全、文明，场地整洁。

2. 评分表

试题代码及名称			4.2　甜瓜夏季育苗关键技术	考核时间		25 min			
评价要素	配分（分）	等级	评分细则	评定等级					得分（分）
				A	B	C	D	E	
1　基质配制：按一定比例把泥炭土、蛭石、有机肥混合成营养土	6	A	比例正确，拌和均匀						
		B	比例基本正确，拌和基本均匀						
		C	比例正确，拌和不均匀；或比例不正确，拌和均匀						
		D	比例不正确，拌和不均匀						
		E	未答题						
2　装穴盘、浇水：把营养土装在穴盘内并压实，在装好营养土的穴盘中浇透水	5	A	营养土装穴盘量、浇水完全正确						
		B	营养土装穴盘量、浇水基本正确						
		C	营养土装穴盘量基本正确，浇水不正确						
		D	营养土装穴盘量不正确，浇水不正确						
		E	未答题						

续表

试题代码及名称			4.2　甜瓜夏季育苗关键技术		考核时间				25 min	
评价要素		配分（分）	等级	评分细则	评定等级					得分（分）
					A	B	C	D	E	
3	播种、盖土：1 穴播 1 颗种子，播后覆盖营养土 0.5 cm 左右，在穴盘上盖薄膜	7	A	覆土、盖膜均正确						
			B	覆土、盖膜基本正确						
			C	覆土基本正确，盖膜不正确						
			D	覆土不正确，盖膜不正确						
			E	未答题						
4	文明操作与安全：操作规范、安全、文明，场地整洁	2	A	操作规范，场地整洁，操作工具摆放安全						
			B	操作规范，场地较整洁，操作工具摆放安全						
			C	操作规范，场地部分不整洁，操作工具摆放安全						
			D	操作规范，场地部分不整洁，操作工具摆放不安全						
			E	差或未答题						
合计配分		20		合计得分						

等级	A（优）	B（良）	C（及格）	D（较差）	E（差或未答题）
比值	1.0	0.8	0.6	0.2	0

"评价要素"得分＝配分×等级比值。

三、甜瓜立架栽培整枝技术（试题代码：4.3；考核时间：25 min）

1. 试题单

（1）场地设备要求

1）1 个标准大棚操作场地。

2）剪刀、绳子和小型喷雾机等。

3）1 m 左右的甜瓜植株 40 株。

（2）工作任务

1）从棚上绳子固定处向下引绳子至植株的畦面上。

2）把甜瓜植株沿着绳子向上绕蔓和引蔓。

3）把甜瓜的子蔓（侧枝）全部抹去。

4）整枝后用杀菌剂喷施防病。

（3）技能要求

1）每节瓜蔓都要绕，且按同一方向缠绕。

2）每节侧枝都要抹去，整到第13节时不要抹，作为留果侧枝。

3）用消毒过的剪刀剪去过大的侧枝。

（4）质量指标

1）绕蔓、引蔓：从棚上绳子固定处向下引绳子至植株的畦面上，把甜瓜植株沿着绳子向上绕蔓和引蔓。

2）整枝：把甜瓜的子蔓（侧枝）全部抹去，整到一定节位停止。

3）熟练程度：在规定的时间内完成规定的绕蔓、整枝苗数量。

4）文明操作与安全：操作规范、安全、文明，场地整洁。

2. 评分表

试题代码及名称			4.3　甜瓜立架栽培整枝技术		考核时间		25 min		
评价要素		配分（分）	等级	评分细则	评定等级				得分（分）
					A	B	C	D	E
1	绕蔓、引蔓：从棚上绳子固定处向下引绳子至植株的畦面上，把甜瓜植株沿着绳子向上绕蔓和引蔓	5	A	操作正确，符合要求					
			B	操作基本符合要求					
			C	60%以上的操作符合要求					
			D	30%～60%的操作符合要求					
			E	差或未答题					
2	整枝：把甜瓜的子蔓（侧枝）全部抹去，整到一定节位停止	6	A	操作正确，符合要求					
			B	操作基本符合要求					
			C	40%以下的整枝节位过高或过低					
			D	40%以上的整枝节位过高或过低					
			E	差或未答题					

续表

试题代码及名称			4.3　甜瓜立架栽培整枝技术		考核时间		25 min		
评价要素		配分（分）	等级	评分细则	评定等级				得分（分）
					A	B	C	D	E
3	熟练程度：在规定的时间内完成规定的绕蔓、整枝苗数量	5	A	全部完成					
			B	完成 80% 以上					
			C	完成 60%～80%					
			D	完成 30%～60%					
			E	差或未答题					
4	文明操作与安全：操作规范、安全、文明，场地整洁	4	A	操作规范，场地整洁，操作工具摆放安全					
			B	操作规范，场地较整洁，操作工具摆放安全					
			C	操作规范，场地部分不整洁，操作工具摆放安全					
			D	操作规范，场地部分不整洁，操作工具摆放不安全					
			E	差或未答题					
合计配分		20		合计得分					

等级	A（优）	B（良）	C（及格）	D（较差）	E（差或未答题）
比值	1.0	0.8	0.6	0.2	0

"评价要素"得分＝配分×等级比值。

四、甜瓜主要病虫害（甜瓜病毒病等）的识别与防治（试题代码：4.5；考核时间：25 min）

1. 试题单

（1）场地设备要求

1）50 m² 左右的教室或 100 m² 左右的操作场地。

2）识别病虫害所需要的实物、照片或幻灯片及其放映设备等。

3）放置实物或标本的操作台若干。

（2）工作任务

1）识别甜瓜病害 3 种及对应的常用药剂。常见甜瓜病害有甜瓜病毒病、甜瓜蔓枯病、甜瓜霜霉病等。

2）识别甜瓜虫害 2 种及对应的常用药剂。常见甜瓜虫害有瓜蚜、小地老虎、烟粉虱等。

（3）技能要求

1）根据实物标本、照片或幻灯片指出对应的病害或虫害。

2）根据所回答的病虫害名称指出用何种药剂（1～2 种）防治。

（4）质量指标

1）病害识别：识别甜瓜病害。

2）虫害识别：识别甜瓜虫害。

3）药剂防治：指出防治每种病害、虫害的药剂名称。

甜瓜病毒病

甜瓜蔓枯病

甜瓜霜霉病

瓜蚜

小地老虎　　　　　　　　　　　　　　　烟粉虱

2. 评分表

试题代码及名称			4.5　甜瓜主要病虫害（甜瓜病毒病等）的识别与防治	考核时间					25 min	
评价要素	配分（分）	等级	评分细则	评定等级					得分（分）
				A	B	C	D	E	
1	病害识别：识别甜瓜病害	6	A	能正确识别 3 种病害						
			B	能正确识别 2 种病害						
			C	能正确识别 1 种病害，经提示能正确识别另外 1 种病害						
			D	能正确识别 1 种病害						
			E	差或未答题						
2	虫害识别：识别甜瓜虫害	6	A	能正确识别 2 种以上（含 2 种）虫害						
			B	能正确识别 1 种虫害，经提示能正确识别另外 1 种虫害						
			C	能正确识别 1 种虫害						
			D	经提示能正确识别 1 种虫害						
			E	差或未答题						
3	药剂防治：指出防治每种病害、虫害的药剂名称	8	A	全部正确						
			B	有 1～2 个错误						
			C	有 3～4 个错误						
			D	有 5～6 个错误						
			E	差或未答题						
合计配分	20		合计得分						

等级	A（优）	B（良）	C（及格）	D（较差）	E（差或未答题）
比值	1.0	0.8	0.6	0.2	0

"评价要素"得分＝配分×等级比值。

五、甜瓜主要病虫害（甜瓜霜霉病等）的识别与防治（试题代码：4.6；考核时间：25 min）

1. 试题单

（1）场地设备要求

1）50 m² 左右的教室或 100 m² 左右的操作场地。

2）识别病虫害所需要的实物、照片或幻灯片及其放映设备等。

3）放置实物或标本的操作台若干。

（2）工作任务

1）识别甜瓜病害 3 种及对应的常用药剂。常见甜瓜病害有甜瓜霜霉病、甜瓜蔓枯病、甜瓜白粉病等。

2）识别甜瓜虫害 2 种及对应的常用药剂。常见甜瓜虫害有斜纹夜蛾、瓜螟、烟粉虱等。

（3）技能要求

1）根据实物标本、照片或幻灯片指出对应的病害或虫害。

2）根据所回答的病虫害名称指出用何种药剂（1～2 种）防治。

（4）质量指标

1）病害识别：识别甜瓜病害。

2）虫害识别：识别甜瓜虫害。

3）药剂防治：指出防治每种病害、虫害的药剂名称。

甜瓜霜霉病

甜瓜蔓枯病

甜瓜白粉病

斜纹夜蛾

瓜螟

烟粉虱

2. 评分表

试题代码及名称		4.6　甜瓜主要病虫害（甜瓜霜霉病等）的识别与防治			考核时间		25 min			
评价要素		配分（分）	等级	评分细则	评定等级					得分（分）
					A	B	C	D	E	
1	病害识别：识别甜瓜病害	6	A	能正确识别 3 种病害						
			B	能正确识别 2 种病害						
			C	能正确识别 1 种病害，经提示能正确识别另外 1 种病害						
			D	能正确识别 1 种病害						
			E	差或未答题						

试题代码及名称			4.6 甜瓜主要病虫害（甜瓜霜霉病等）的识别与防治		考核时间			25 min		
评价要素	配分（分）	等级	评分细则	评定等级						得分（分）
				A	B	C	D	E		
2 虫害识别：识别甜瓜虫害	6	A	能正确识别 2 种以上（含 2 种）虫害							
		B	能正确识别 1 种虫害，经提示能正确识别另外 1 种虫害							
		C	能正确识别 1 种虫害							
		D	经提示能正确识别 1 种虫害							
		E	差或未答题							
3 药剂防治：指出防治每种病害、虫害的药剂名称	8	A	全部正确							
		B	有 1~2 个错误							
		C	有 3~4 个错误							
		D	有 5~6 个错误							
		E	差或未答题							
合计配分	20		合计得分							

等级	A（优）	B（良）	C（及格）	D（较差）	E（差或未答题）
比值	1.0	0.8	0.6	0.2	0

"评价要素"得分＝配分×等级比值。

六、甜瓜主要病虫害（甜瓜白粉病等）的识别与防治（试题代码：4.7；考核时间：25 min)

1. 试题单

（1）场地设备要求

1）50 m² 左右的教室或 100 m² 左右的操作场地。

2）识别病虫害所需要的实物、照片或幻灯片及其放映设备等。

3）放置实物或标本的操作台若干。

（2）工作任务

1）识别甜瓜病害 3 种及对应的常用药剂。常见甜瓜病害有甜瓜白粉病、甜瓜细菌性角斑病、甜瓜病毒病等。

2）识别甜瓜虫害 2 种及对应的常用药剂。常见甜瓜虫害有瓜蚜、小地老虎、斜纹夜蛾等。

（3）技能要求

1）根据实物标本、照片或幻灯片指出对应的病害或虫害。

2）根据所回答的病虫害名称指出用何种药剂（1～2 种）防治。

（4）质量指标

1）病害识别：识别甜瓜病害。

2）虫害识别：识别甜瓜虫害。

3）药剂防治：指出防治每种病害、虫害的药剂名称。

甜瓜白粉病

甜瓜细菌性角斑病

甜瓜病毒病

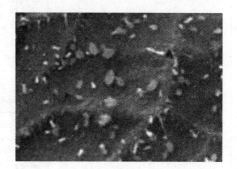

瓜蚜

小地老虎　　　　　　　　　　　斜纹夜蛾

2. 评分表

试题代码及名称			4.7　甜瓜主要病虫害（甜瓜白粉病等）的识别与防治	考核时间				25 min	
评价要素	配分（分）	等级	评分细则	评定等级					得分（分）
				A	B	C	D	E	
1　病害识别：识别甜瓜病害	6	A	能正确识别 3 种病害						
		B	能正确识别 2 种病害						
		C	能正确识别 1 种病害，经提示能正确识别另外 1 种病害						
		D	能正确识别 1 种病害						
		E	差或未答题						
2　虫害识别：识别甜瓜虫害	6	A	能正确识别 2 种以上（含 2 种）虫害						
		B	能正确识别 1 种虫害，经提示能正确识别另外 1 种虫害						
		C	能正确识别 1 种虫害						
		D	经提示能正确识别 1 种虫害						
		E	差或未答题						

续表

	试题代码及名称			4.7　甜瓜主要病虫害（甜瓜白粉病等）的识别与防治	考核时间		25 min			
	评价要素	配分（分）	等级	评分细则	评定等级					得分（分）
					A	B	C	D	E	
3	药剂防治：指出防治每种病害、虫害的药剂名称	8	A	全部正确						
			B	有 1～2 个错误						
			C	有 3～4 个错误						
			D	有 5～6 个错误						
			E	差或未答题						
	合计配分	20		合计得分						

等级	A（优）	B（良）	C（及格）	D（较差）	E（差或未答题）
比值	1.0	0.8	0.6	0.2	0

"评价要素"得分＝配分×等级比值。

七、甜瓜主要病虫害（美洲斑潜蝇等）的识别与防治（试题代码：4.8；考核时间：25 min）

1. 试题单

（1）场地设备要求

1）50 m² 左右的教室或 100 m² 左右的操作场地。

2）识别病虫害所需要的实物、照片或幻灯片及其放映设备等。

3）放置实物或标本的操作台若干。

（2）工作任务

1）识别甜瓜病害 3 种及对应的常用药剂。常见甜瓜病害有甜瓜白粉病、甜瓜细菌性角斑病、甜瓜霜霉病等。

2）识别甜瓜虫害 2 种及对应的常用药剂。常见甜瓜虫害有美洲斑潜蝇、瓜蚜、斜纹夜蛾等。

（3）技能要求

1）根据实物标本、照片或幻灯片指出对应的病害或虫害。

2）根据所回答的病虫害名称指出用何种药剂（1～2 种）防治。

（4）质量指标

1）病害识别：识别甜瓜病害。

2）虫害识别：识别甜瓜虫害。

3）药剂防治：指出防治每种病害、虫害的药剂名称。

甜瓜白粉病

甜瓜细菌性角斑病

甜瓜霜霉病

美洲斑潜蝇

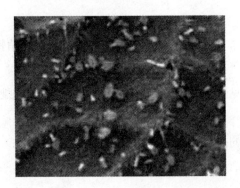

瓜蚜

斜纹夜蛾

2. 评分表

试题代码及名称		4.8　甜瓜主要病虫害（美洲斑潜蝇等）的识别与防治			考核时间					25 min	
评价要素		配分（分）	等级	评分细则	评定等级						得分（分）
					A	B	C	D	E		
1	病害识别：识别甜瓜病害	6	A	能正确识别 3 种病害							
			B	能正确识别 2 种病害							
			C	能正确识别 1 种病害，经提示能正确识别另外 1 种病害							
			D	能正确识别 1 种病害							
			E	差或未答题							
2	虫害识别：识别甜瓜虫害	6	A	能正确识别 2 种以上（含 2 种）虫害							
			B	能正确识别 1 种虫害，经提示能正确识别另外 1 种虫害							
			C	能正确识别 1 种虫害							
			D	经提示能正确识别 1 种虫害							
			E	差或未答题							
3	药剂防治：指出防治每种病害、虫害的药剂名称	8	A	全部正确							
			B	有 1~2 个错误							
			C	有 3~4 个错误							
			D	有 5~6 个错误							
			E	差或未答题							
合计配分		20		合计得分							

等级	A（优）	B（良）	C（及格）	D（较差）	E（差或未答题）
比值	1.0	0.8	0.6	0.2	0

"评价要素"得分＝配分×等级比值。

八、甜瓜主要病虫害（烟粉虱等）的识别与防治（试题代码：4.9；考核时间：25 min）

1. 试题单

（1）场地设备要求

1）50 m² 左右的教室或 100 m² 左右的操作场地。

2）识别病虫害所需要的实物、照片或幻灯片及其放映设备等。

3）放置实物或标本的操作台若干。

（2）工作任务

1）识别甜瓜病害 3 种及对应的常用药剂。常见甜瓜病害有甜瓜霜霉病、甜瓜蔓枯病、甜瓜细菌性角斑病等。

2）识别甜瓜虫害 2 种及对应的常用药剂。常见甜瓜虫害有烟粉虱、瓜蚜、美洲斑潜蝇等。

（3）技能要求

1）根据实物标本、照片或幻灯片指出对应的病害或虫害。

2）根据所回答的病虫害名称指出用何种药剂（1～2 种）防治。

（4）质量指标

1）病害识别：识别甜瓜病害。

2）虫害识别：识别甜瓜虫害。

3）药剂防治：指出防治每种病害、虫害的药剂名称。

甜瓜霜霉病

甜瓜蔓枯病

甜瓜细菌性角斑病

烟粉虱

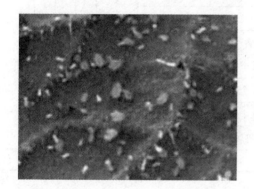

瓜蚜

美洲斑潜蝇

2. 评分表

试题代码及名称			4.9　甜瓜主要病虫害（烟粉虱等）的识别与防治	考核时间				25 min	
评价要素		配分（分）	评分细则	评定等级					得分（分）
				A	B	C	D	E	
1	病害识别：识别甜瓜病害	6	A　能正确识别 3 种病害						
			B　能正确识别 2 种病害						
			C　能正确识别 1 种病害，经提示能正确识别另外 1 种病害						
			D　能正确识别 1 种病害						
			E　差或未答题						

续表

试题代码及名称		4.9 甜瓜主要病虫害（烟粉虱等）的识别与防治			考核时间		25 min			
评价要素		配分（分）	等级	评分细则	评定等级					得分（分）
					A	B	C	D	E	
2	虫害识别：识别甜瓜虫害	6	A	能正确识别 2 种以上（含 2 种）虫害						
			B	能正确识别 1 种虫害，经提示能正确识别另外 1 种虫害						
			C	能正确识别 1 种虫害						
			D	经提示能正确识别 1 种虫害						
			E	差或未答题						
3	药剂防治：指出防治每种病害、虫害的药剂名称	8	A	全部正确						
			B	有 1～2 个错误						
			C	有 3～4 个错误						
			D	有 5～6 个错误						
			E	差或未答题						
合计配分		20		合计得分						

等级	A（优）	B（良）	C（及格）	D（较差）	E（差或未答题）
比值	1.0	0.8	0.6	0.2	0

"评价要素"得分＝配分×等级比值。

草莓栽培技术

一、草莓育苗技术 1（培养土的制作）（试题代码：5.1；考核时间：25 min）

1. 试题单

（1）场地设备要求

1）20 m² 左右的育苗操作场地。

2）8～10 cm 口径的塑料钵 50 个。

3）铁锹、钉耙、壶等工具。

4）泥炭土、蛭石、腐熟有机肥、过磷酸钙及过筛的细土。

（2）工作任务

1）把有机肥、泥炭土、细土再次筛细。

2）按土∶有机肥∶蛭石∶过磷酸钙＝3∶1∶1∶少量的比例拌匀。

3）装钵，整齐排列在苗床中。

（3）技能要求

1）土、肥配比正确，拌土要均匀。

2）在塑料钵中装培养土约60％满。

3）装钵后排列备用。

（4）质量指标

1）配制：用筛子筛细，并按要求比例配制。

2）装钵：营养土拌匀，装钵。

3）文明操作与安全：操作规范、安全、文明，场地整洁。

2. 评分表

试题代码及名称			5.1　草莓育苗技术 1（培养土的制作）		考核时间		25 min			
评价要素		配分（分）	等级	评分细则	评定等级					得分（分）
					A	B	C	D	E	
1	配制：用筛子筛细，并按要求比例配制	8	A	完全正确						
			B	粗细度一致，比例较正确						
			C	粗细度较一致，比例基本正确						
			D	误差较大						
			E	差或未答题						
2	装钵：营养土拌匀，装钵	8	A	营养土拌匀，装钵量正确						
			B	营养土拌匀，装钵量基本正确						
			C	营养土基本拌匀，装钵量基本正确						
			D	营养土未拌匀，装钵量基本正确						
			E	差或未答题						

试题代码及名称			5.1 草莓育苗技术 1（培养土的制作）		考核时间			25 min	
评价要素		配分（分）	等级	评分细则	评定等级				得分（分）
					A	B	C	D	E
3	文明操作与安全：操作规范、安全、文明，场地整洁	4	A	操作规范，场地整洁，操作工具摆放安全					
			B	操作规范，场地较整洁，操作工具摆放安全					
			C	操作规范，场地部分不整洁，操作工具摆放安全					
			D	操作规范，场地部分不整洁，操作工具摆放不安全					
			E	差或未答题					
合计配分		20		合计得分					

等级	A（优）	B（良）	C（及格）	D（较差）	E（差或未答题）
比值	1.0	0.8	0.6	0.2	0

"评价要素"得分=配分×等级比值。

二、草莓育苗技术 2（移苗与浇水）（试题代码：5.2；考核时间：25 min）

1. 试题单

（1）场地设备要求

1）20 m² 左右的育苗操作场地。

2）铁锹、钉耙、壶等工具和 8～10 cm 口径的塑料钵。

3）已配制好的培养土。

（2）工作任务

1）用培养土装钵。

2）种植草莓苗（移栽秧苗）。

3）根据苗床宽度排钵苗。

4）浇水、遮阳。

（3）技能要求

1）培养土装钵要适当，排钵要整齐。

2）移栽不宜过深或过浅。

3）浇水要均匀，使钵底孔少量出水。

4）覆盖遮阳网。

（4）质量指标

1）装钵：在塑料钵中装培养土约 50％满。

2）种植：草莓苗种植深度要适当。

3）浇水：排钵整齐，浇水匀、透。

2. 评分表

试题代码及名称			5.2　草莓育苗技术 2（移苗与浇水）		考核时间			25 min	
评价要素		配分（分）	等级	评分细则	评定等级				得分（分）
					A	B	C	D	E
1	装钵：培养土装钵（约 50％满）	7	A	完全正确					
			B	70％以上正确					
			C	50％～70％正确					
			D	20％～50％正确					
			E	差或未答题					
2	种植：草莓苗种植深度要适当	7	A	全部正确					
			B	10％以下草莓苗过深或过浅移苗					
			C	10％～40％的草莓苗过深或过浅移苗					
			D	40％以上草莓苗过深或过浅移苗					
			E	差或未答题					
3	浇水：排钵整齐，浇水匀、透	6	A	排钵整齐，浇水匀、透					
			B	排钵整齐，浇水基本匀、透					
			C	排钵基本整齐，浇水基本匀、透					
			D	排钵基本整齐或浇水基本匀、透					
			E	差或未答题					
合计配分		20		合计得分					

113

等级	A（优）	B（良）	C（及格）	D（较差）	E（差或未答题）
比值	1.0	0.8	0.6	0.2	0

"评价要素"得分＝配分×等级比值。

三、观察花芽分化的进程（试题代码：5.3；考核时间：25 min）

1. 试题单

（1）场地设备要求

1）20 m² 左右的教室或操作场地。

2）高倍解剖镜1台，尖头镊子2把，解剖针2根。

3）已花芽分化的草莓苗5棵。

（2）工作任务

1）在解剖镜边逐片剥去草莓外叶。

2）观察草莓苗生长点的花芽。

（3）技能要求

1）逐片剥去外叶，露出生长点，至少有3棵成功。

2）观察生长点的形状，判断草莓花芽的分化程度。

（4）质量指标

1）解剖：解剖草莓苗茎尖，露出生长点（5棵）。

2）观察：观察茎尖生长点的花芽分化。

2. 评分表

试题代码及名称			5.3　观察花芽分化的进程		考核时间				25 min	
评价要素	配分 （分）	等级	评分细则		评定等级					得分 （分）
					A	B	C	D	E	
1　解剖： 解剖草莓苗茎尖，露出生长点（5棵）	10	A	解剖成功3棵以上（含3棵）							
		B	解剖成功2棵							
		C	解剖成功1棵							
		D	基本能解剖成功1棵							
		E	差或未答题							

续表

试题代码及名称			5.3　观察花芽分化的进程		考核时间		25 min			
评价要素		配分（分）	等级	评分细则	评定等级					得分（分）
					A	B	C	D	E	
2	观察：观察茎尖生长点的花芽分化	10	A	能清晰地看到花芽						
			B	较清晰地看到花芽						
			C	基本能看到花芽						
			D	基本能看到花芽，但较模糊						
			E	差或未答题						
合计配分		20		合计得分						

等级	A（优）	B（良）	C（及格）	D（较差）	E（差或未答题）
比值	1.0	0.8	0.6	0.2	0

"评价要素"得分＝配分×等级比值。

四、草莓的定植 1（施肥、翻地、作畦）（试题代码：5.4；考核时间：25 min）

1. 试题单

（1）场地设备要求

1）50 m² 左右的大棚操作场地。

2）铁锹、钉耙等工具。

3）腐熟有机肥、过磷酸钙或氮磷钾复合肥。

（2）工作任务

1）施肥（按每亩 2 000 kg 有机肥、50 kg 过磷酸钙或 60 kg 氮磷钾复合肥计算三分地的施肥量）。

2）深翻土地。

3）作畦。

（3）技能要求

1）施肥量要正确。

2）做到深翻土地，肥料要拌得均匀。

3）作畦要齐、直、平、细，畦面略呈龟背状。

（4）质量指标

1）施肥：按比例、数量施肥。

2）深耕：深耕操作正确。

3）作畦：按标准作畦（深沟高畦）。

2. 评分表

试题代码及名称		5.4 草莓的定植 1（施肥、翻地、作畦）			考核时间				25 min	
评价要素	配分（分）	等级	评分细则	评定等级					得分（分）
				A	B	C	D	E	
1 施肥：按比例、数量施肥	5	A	完全正确						
		B	基本正确						
		C	误差较小						
		D	误差较大						
		E	差或未答题						
2 深耕：深耕操作正确	7	A	完全正确						
		B	基本正确						
		C	误差较小						
		D	误差较大						
		E	差或未答题						
3 作畦：按标准作畦（深沟高畦）	8	A	沟深、畦直、土细、畦面呈龟背状 4 个要求全部达到						
		B	沟深、畦直、土细、畦面呈龟背状中达到 3 个要求						
		C	沟深、畦直、土细、畦面呈龟背状中达到 2 个要求						
		D	沟深、畦直、土细、畦面呈龟背状中达到 1 个要求						
		E	差或未答题						
合计配分	20		合计得分						

等级	A（优）	B（良）	C（及格）	D（较差）	E（差或未答题）
比值	1.0	0.8	0.6	0.2	0

"评价要素"得分＝配分×等级比值。

五、草莓的定植 2（种植）（试题代码：5.5；考核时间：25 min）

1. 试题单

（1）场地设备要求

1）50 m² 左右的大棚操作场地。

2）已经施肥、作畦备用的土地。

3）定植刀、绳、尺、细竹竿等工具。

（2）工作任务

1）确定行株距（密度）。

2）定植。

3）定植后浇水。

（3）技能要求

1）种植行株距要正确。

2）种植深度要正确，过浅、过深株不超过 5%。

3）浇水要均匀、浇透，不使泥土灌苗心。

（4）质量指标

1）行株距：按行株距种植。

2）定植：按深度要求定植。

3）浇水：均匀，浇透，不使泥土灌苗心。

2. 评分表

试题代码及名称			5.5　草莓的定植 2（种植）		考核时间		25 min			
评价要素	配分（分）	等级	评分细则	评定等级					得分（分）
				A	B	C	D	E	
1	行株距： 按行株距种植	5	A	完全正确						
			B	70%以上正确						
			C	50%~70%正确						
			D	20%~50%正确						
			E	差或未答题						

试题代码及名称			5.5　草莓的定植2（种植）		考核时间			25 min		
评价要素		配分（分）	等级	评分细则	评定等级					得分（分）
					A	B	C	D	E	
2	定植：按深度要求定植	8	A	全部正确						
			B	70%以上正确						
			C	50%～70%正确						
			D	20%～50%正确						
			E	差或未答题						
3	浇水：均匀，浇透，不使泥土灌苗心	7	A	均匀，浇透，不使泥土灌苗心						
			B	均匀，浇透，有泥土灌苗心现象						
			C	均匀，浇不透，有泥土灌苗心现象						
			D	不均匀，浇不透，有泥土灌苗心现象						
			E	未答题						
合计配分		20		合计得分						

等级	A（优）	B（良）	C（及格）	D（较差）	E（差或未答题）
比值	1.0	0.8	0.6	0.2	0

"评价要素"得分＝配分×等级比值。

六、草莓的定植3（草莓苗定向）（试题代码：5.6；考核时间：25 min）

1. 试题单

（1）场地设备要求

1）50 m² 左右的大棚操作场地。

2）已经施肥、作畦备用的土地。

3）定植刀、绳、尺、细竹竿等工具。

（2）工作任务

1）观察草莓苗的匍匐茎方向。

2）观察草莓苗的短缩茎的弓与背。

3）根据上述两方面情况进行定向种植。

（3）技能要求

1）要求草莓苗定向正确。

2）定向正确率 95％ 以上。

（4）质量指标。定植方向：苗的定向是否正确（按 50 苗计）。

2. 评分表

试题代码及名称			5.6　草莓的定植 3（草莓苗定向）		考核时间				25 min	
评价要素	配分（分）	等级	评分细则		评定等级					得分（分）
					A	B	C	D	E	
定植方向：苗的定向是否正确（按 50 苗计）	20	A	完全正确							
		B	70％ 以上正确							
		C	50％～70％ 正确							
		D	20％～50％ 正确							
		E	差或未答题							
合计配分	20		合计得分							

等级	A（优）	B（良）	C（及格）	D（较差）	E（差或未答题）
比值	1.0	0.8	0.6	0.2	0

"评价要素"得分＝配分×等级比值。

七、草莓主要病虫害（草莓白粉病等）的识别与防治（试题代码：5.7；考核时间：25 min)

1. 试题单

（1）场地设备要求

1）50 m² 左右的教室或操作场地。

2）识别病虫害所需要的实物、照片或幻灯片及其放映设备等。

3）放置实物或标本的操作台若干。

（2）工作任务

1）识别草莓病害 3 种及对应的常用药剂。常见草莓病害有草莓白粉病、草莓病毒病、草莓灰霉病等。

2）识别草莓虫害 3 种及对应的常用药剂。常见草莓虫害有蚜虫、叶螨（红蜘蛛）、斜纹夜蛾等。

（3）技能要求

1）根据实物标本、照片或幻灯片指出对应的病害或虫害。

2）根据所回答的病虫害名称指出用何种药剂防治。

（4）质量指标

1）病害识别：识别草莓病害。

2）虫害识别：识别草莓虫害。

3）药剂防治：指出防治每种病害、虫害的药剂名称。

草莓白粉病

草莓病毒病

草莓灰霉病

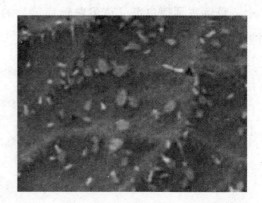
蚜虫

叶螨（红蜘蛛）

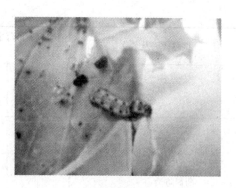

斜纹夜蛾

2. 评分表

试题代码及名称		5.7　草莓主要病虫害（草莓白粉病等）的识别与防治			考核时间		25 min			
评价要素		配分（分）	等级	评分细则	评定等级					得分（分）
					A	B	C	D	E	
1	病害识别：识别草莓病害	6	A	能正确识别3种病害						
			B	能正确识别2种病害						
			C	能正确识别1种病害，经提示能正确识别另外1种病害						
			D	能正确识别1种病害						
			E	差或未答题						
2	虫害识别：识别草莓虫害	6	A	能正确识别3种虫害						
			B	能正确识别2种虫害						
			C	能正确识别1种虫害，经提示能正确识别另外1种虫害						
			D	能正确识别1种虫害						
			E	差或未答题						

续表

试题代码及名称			5.7 草莓主要病虫害（草莓白粉病等）的识别与防治		考核时间			25 min		
评价要素	配分（分）	等级	评分细则	评定等级						得分（分）
				A	B	C	D	E		
3 药剂防治：指出防治每种病害、虫害的药剂名称	8	A	能正确指出防治病害、虫害各3种的药剂							
		B	能正确指出防治病害、虫害各2种的药剂							
		C	能正确指出防治病害、虫害各1种的药剂							
		D	能正确指出防治1种病害或1种虫害的药剂							
		E	差或未答题							
合计配分	20		合计得分							

等级	A（优）	B（良）	C（及格）	D（较差）	E（差或未答题）
比值	1.0	0.8	0.6	0.2	0

"评价要素"得分＝配分×等级比值。

八、草莓主要病虫害（草莓炭疽病等）的识别与防治（试题代码：5.8；考核时间：25 min）

1. 试题单

（1）场地设备要求

1）50 m² 左右的教室或操作场地。

2）识别病虫害所需要的实物、照片或幻灯片及其放映设备等。

3）放置实物或标本的操作台若干。

（2）工作任务

1）识别草莓病害 3 种及对应的常用药剂。常见草莓病害有草莓炭疽病、草莓白粉病、草莓灰霉病等。

2）识别草莓虫害 3 种及对应的常用药剂。常见草莓虫害有蚜虫、小地老虎、斜纹夜蛾等。

（3）技能要求

1）根据实物标本、照片或幻灯片指出对应的病害或虫害。

2）根据所回答的病虫害名称指出用何种药剂防治。

（4）质量指标

1）病害识别：识别草莓病害。

2）虫害识别：识别草莓虫害。

3）药剂防治：指出防治每种病害、虫害的药剂名称。

草莓炭疽病

草莓白粉病

草莓灰霉病

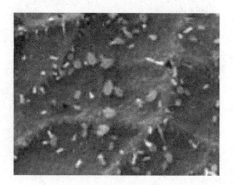

蚜虫

小地老虎

斜纹夜蛾

2. 评分表

试题代码及名称			5.8 草莓主要病虫害（草莓炭疽病等）的识别与防治		考核时间			25 min		
评价要素		配分（分）	等级	评分细则	评定等级					得分（分）
					A	B	C	D	E	
1	病害识别：识别草莓病害	6	A	能正确识别 3 种病害						
			B	能正确识别 2 种病害						
			C	能正确识别 1 种病害，经提示能正确识别另外 1 种病害						
			D	能正确识别 1 种病害						
			E	差或未答题						
2	虫害识别：识别草莓虫害	6	A	能正确识别 3 种虫害						
			B	能正确识别 2 种虫害						
			C	能正确识别 1 种虫害，经提示能正确识别另外 1 种虫害						
			D	能正确识别 1 种虫害						
			E	差或未答题						

续表

试题代码及名称			5.8　草莓主要病虫害（草莓炭疽病等）的识别与防治			考核时间			25 min	
评价要素		配分（分）	等级	评分细则	评定等级					得分（分）
					A	B	C	D	E	
3	药剂防治：指出防治每种病害、虫害的药剂名称	8	A	能正确指出防治病害、虫害各3种的药剂						
			B	能正确指出防治病害、虫害各2种的药剂						
			C	能正确指出防治病害、虫害各1种的药剂						
			D	能正确指出防治1种病害或1种虫害的药剂						
			E	差或未答题						
合计配分		20		合计得分						

等级	A（优）	B（良）	C（及格）	D（较差）	E（差或未答题）
比值	1.0	0.8	0.6	0.2	0

"评价要素"得分＝配分×等级比值。

九、草莓主要病虫害（草莓根腐病等）的识别与防治（试题代码：5.9；考核时间：25 min）

1. 试题单

（1）场地设备要求

1）50 m² 左右的教室或操作场地。

2）识别病虫害所需要的实物、照片或幻灯片及其放映设备等。

3）放置实物或标本的操作台若干。

（2）工作任务

1）识别草莓病害 3 种及对应的常用药剂。常见草莓病害有草莓根腐病、草莓白粉病、草莓炭疽病等。

2）识别草莓虫害 3 种及对应的常用药剂。常见草莓虫害有斜纹夜蛾、叶螨（红蜘蛛）、小地老虎等。

（3）技能要求

1）根据实物标本、照片或幻灯片指出对应的病害或虫害。

2）根据所回答的病虫害名称指出用何种药剂防治。

（4）质量指标

1）病害识别：识别草莓病害。

2）虫害识别：识别草莓虫害。

3）药剂防治：指出防治每种病害、虫害的药剂名称。

草莓根腐病

草莓白粉病

草莓炭疽病

斜纹夜蛾

叶螨（红蜘蛛）

小地老虎

2. 评分表

试题代码及名称			5.9　草莓主要病虫害（草莓根腐病等）的识别与防治		考核时间		25 min		
评价要素	配分（分）	等级	评分细则	评定等级					得分（分）
				A	B	C	D	E	
1　病害识别：识别草莓病害	6	A	能正确识别 3 种病害						
		B	能正确识别 2 种病害						
		C	能正确识别 1 种病害，经提示能正确识别另外 1 种病害						
		D	能正确识别 1 种病害						
		E	差或未答题						
2　虫害识别：识别草莓虫害	6	A	能正确识别 3 种虫害						
		B	能正确识别 2 种虫害						
		C	能正确识别 1 种虫害，经提示能正确识别另外 1 种虫害						
		D	能正确识别 1 种虫害						
		E	差或未答题						
3　药剂防治：指出防治每种病害、虫害的药剂名称	8	A	能正确指出防治病害、虫害各 3 种的药剂						
		B	能正确指出防治病害、虫害各 2 种的药剂						
		C	能正确指出防治病害、虫害各 1 种的药剂						

续表

试题代码及名称			5.9 草莓主要病虫害（草莓根腐病等）的识别与防治					考核时间		25 min
评价要素	配分（分）	等级	评分细则	评定等级					得分（分）	
				A	B	C	D	E		
		D	能正确指出防治 1 种病害或 1 种虫害的药剂							
		E	差或未答题							
合计配分	20		合计得分							

等级	A（优）	B（良）	C（及格）	D（较差）	E（差或未答题）
比值	1.0	0.8	0.6	0.2	0

"评价要素"得分＝配分×等级比值。

十、草莓主要病虫害（草莓灰霉病等）的识别与防治（试题代码：5.10；考核时间：25 min）

1. 试题单

（1）场地设备要求

1）50 m² 左右的教室或操作场地。

2）识别病虫害所需要的实物、照片或幻灯片及其放映设备等。

3）放置实物或标本的操作台若干。

（2）工作任务

1）识别草莓病害 3 种及对应的常用药剂。常见草莓病害有草莓灰霉病、草莓炭疽病、草莓根腐病等。

2）识别草莓虫害 3 种及对应的常用药剂。常见草莓虫害有蚜虫、叶螨（红蜘蛛）、小地老虎等。

（3）技能要求

1）根据实物标本、照片或幻灯片指出对应的病害或虫害。

2）根据所回答的病虫害名称指出用何种药剂防治。

（4）质量指标

1）病害识别：识别草莓病害。

2）虫害识别：识别草莓虫害。

3）药剂防治：指出防治每种病害、虫害的药剂名称。

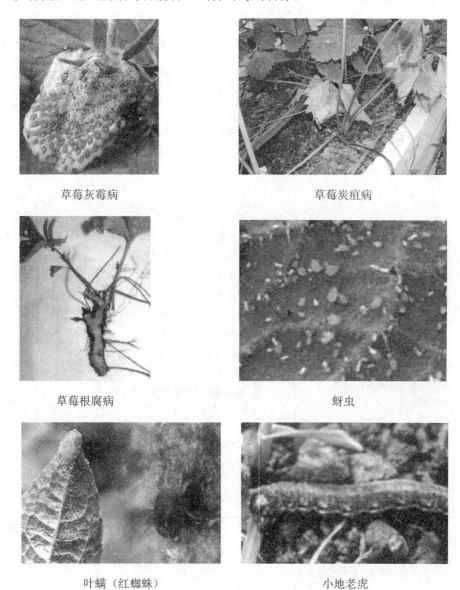

草莓灰霉病　　　　　　　　　　　　　　草莓炭疽病

草莓根腐病　　　　　　　　　　　　　　蚜虫

叶螨（红蜘蛛）　　　　　　　　　　　　小地老虎

2. 评分表

试题代码及名称		5.10 草莓主要病虫害（草莓灰霉病等）的识别与防治			考核时间				25 min	
评价要素		配分（分）	等级	评分细则	评定等级					得分（分）
					A	B	C	D	E	
1	病害识别：识别草莓病害	6	A	能正确识别 3 种病害						
			B	能正确识别 2 种病害						
			C	能正确识别 1 种病害，经提示能正确识别另外 1 种病害						
			D	能正确识别 1 种病害						
			E	差或未答题						
2	虫害识别：识别草莓虫害	6	A	能正确识别 3 种虫害						
			B	能正确识别 2 种虫害						
			C	能正确识别 1 种虫害，经提示能正确识别另外 1 种虫害						
			D	能正确识别 1 种虫害						
			E	差或未答题						
3	药剂防治：指出防治每种病害、虫害的药剂名称	8	A	能正确指出防治病害、虫害各 3 种的药剂						
			B	能正确指出防治病害、虫害各 2 种的药剂						
			C	能正确指出防治病害、虫害各 1 种的药剂						
			D	能正确指出防治 1 种病害或 1 种虫害的药剂						
			E	差或未答题						
合计配分		20		合计得分						

等级	A（优）	B（良）	C（及格）	D（较差）	E（差或未答题）
比值	1.0	0.8	0.6	0.2	0

"评价要素"得分＝配分×等级比值。

第5部分

理论知识考试模拟试卷及参考答案

瓜果栽培（专项职业能力）理论知识试卷

注 意 事 项

1. 考试时间：45 min。

2. 请首先按要求在试卷的标封处填写您的姓名、准考证号和所在单位的名称。

3. 请仔细阅读各种题目的答题要求，在规定的位置填写您的答案。

4. 不要在试卷上乱写乱画，不要在标封区填写无关的内容。

	一	二	总分
得分			

得分	
评分人	

一、判断题（第1题～第40题。将判断结果填入括号中。正确的填"√"，错误的填"×"。每题1分，满分40分）

1. 西瓜的花一般为两性花。 （ ）

2. 西瓜从第二朵雌花开花到果实生理成熟，称为结果期。 （ ）

3. 小型西瓜一般是早熟或极早熟品种。　　　　　　　　　　　（　　）

4. 草莓的根系是须根状的不定根，着生在短缩茎上。　　　　　（　　）

5. 草莓叶为单叶。　　　　　　　　　　　　　　　　　　　（　　）

6. 上海地区草莓种植面积最大的品种是"丰香"。　　　　　　（　　）

7. 子叶苗培育是指培育苗龄在 7～10 天、子叶已充分平展的小苗。（　　）

8. 瓜类种子浸种是为了缩短发芽时间和出苗时间。　　　　　　（　　）

9. 夏季育苗的苗龄在 35 天左右。　　　　　　　　　　　　　（　　）

10. 大棚西瓜种植密度高的采用三蔓整枝，种植密度低的采用双蔓整枝。（　　）

11. 小环棚西瓜准备定植的瓜苗必须在定植之前一周进行低温炼苗。（　　）

12. 磷的作用是能在最大程度上影响甜瓜果实中糖分的积累。　　（　　）

13. 缺硼症状主要表现为生长点附近的节间显著拉长。　　　　　（　　）

14. 瓜果生产一般旱地轮作周期为 2～3 年。　　　　　　　　　（　　）

15. 剧毒农药的致死中量（经口毒性）为 5～50 mg/kg。　　　　（　　）

16. 西瓜地膜覆盖栽培是在普通栽培的基础上，在地面覆盖一层农用塑料薄膜。（　　）

17. 对于西瓜地膜覆盖栽培，生产上不必压蔓。　　　　　　　　（　　）

18. 西瓜、甜瓜栽培可选低洼地。　　　　　　　　　　　　　（　　）

19. 小环棚栽培西瓜的理蔓与压蔓应在阴天进行，以降低损伤。　（　　）

20. 对于基肥充足的田块，小环棚西瓜原则上坐果前要追肥。　　（　　）

21. 上海地区西瓜春季大棚栽培定植后一个月内小棚和大棚一般不通风。（　　）

22. 西瓜春季大棚栽培有利于西瓜提早成熟，达到增产增收的目的。（　　）

23. 西瓜嫁接栽培是当前预防西瓜枯萎病行之有效的办法。　　　（　　）

24. 嫁接苗伤口愈合的适宜温度为 33～35℃。　　　　　　　　（　　）

25. 嫁接苗在愈合以前，苗床空气相对湿度应保持在 75％左右。　（　　）

26. 西瓜枯萎病又称蔓割病，是目前西瓜生产上最主要的病害之一。（　　）

27. 西瓜白粉病不是土传病害。　　　　　　　　　　　　　　（　　）

28. 烟粉虱与瓜蚜同属同翅目害虫。　　　　　　　　　　　　（　　）

29. 斜纹夜蛾是一种食性单一的暴发性害虫。　　　　　　　　（　　）

30. 草莓繁苗母株宜采用专用植株，专用植株选自健康无病的一年生匍匐茎苗。（　　）

31. 草莓繁苗母株定植时，避免种植太深，切忌将心叶埋没，以防烂芽。（　　）

32. 进入深休眠期的草莓植株，需要满足对低温累积量的要求才能觉醒。（　　）

33. 赤霉素不仅有抑制休眠的作用，而且还有打破休眠的作用。（　　）

34. 草莓小环棚栽培的采果期同露地与地膜栽培相当。（　　）

35. 草莓促成栽培是一种特早熟栽培方式。（　　）

36. 草莓假植用的子苗以大苗为好，假植后容易存活。（　　）

37. 冬季寒冷季节，大棚内没有昆虫授粉，畸形果会增多。（　　）

38. 在草莓生产上，蚜虫是病毒病的主要传播媒介。（　　）

39. 白粉病是草莓的常见病害。（　　）

40. 在草莓匍匐茎抽生期，子苗上极易感黄萎病。（　　）

得分	
评分人	

二、单项选择题（第 1 题～第 60 题。选择一个正确的答案，将相应的字母填入题内的括号中。每题 1 分，满分 60 分）

1. 西瓜营养器官通常指（　　）。

　　A. 根、茎、叶、花　　B. 根、茎、花　　　C. 根、茎　　　　D. 根、茎、叶

2. 西瓜的花一般为（　　）。

　　A. 两性花　　　　　B. 雌雄同株异花　　C. 雌雄同花　　　D. 单性株

3. 西瓜从第 1 片真叶显露到团棵，即长出（　　）片真叶，称为幼苗期。

　　A. 2　　　　　　　　B. 3～4　　　　　　C. 5～6　　　　　D. 7～8

4. 西瓜发芽期的适宜温度为（　　）℃。

　　A. 22～25　　　　　B. 25～28　　　　　C. 28～30　　　　D. 35～40

5. 草莓根系适于在（　　）土壤中生长。

　　A. 中性　　　　　　B. 中性微酸　　　　C. 中性微碱　　　D. 碱性

6. 草莓茎的类型分为新茎、根状茎和（　　）三类。

    A. 鳞茎   B. 球茎   C. 匍匐茎   D. 块茎

7. 草莓的花一般为完全花，由花萼、花瓣、雄蕊及雌蕊构成，它们依次从外到内排列在（   ）上。

    A. 花瓣   B. 花萼   C. 花蕊   D. 花托

8. 下列草莓品种中"（   ）"不是来自于日本。

    A. 丰香   B. 甜查理   C. 枥木少女   D. 章姬

9. 温床是人工加温的苗床，上海地区冬、春育苗多采用（   ）加温。

    A. 阳光   B. 酿热物   C. 热蒸汽   D. 电热线

10. 播种后到幼苗出土阶段的管理重点是（   ）。

    A. 光照   B. 水分   C. 肥料   D. 温度

11. 育苗营养土的基本组成是（   ）。

    A. 化肥、细土、疏松剂   B. 腐熟有机肥、细土、疏松剂

    C. 细土、疏松剂、杀菌剂   D. 化肥、细土、杀菌剂

12. 无籽西瓜的破壳处理会（   ）。

    A. 降低发芽率   B. 提高发芽率   C. 增加产量   D. 降低产量

13. （   ）不是目前我国西瓜生产上的主要栽培方式。

    A. 地膜覆盖栽培   B. 小环棚双膜覆盖栽培

    C. 大棚栽培   D. 水培

14. 上海地区西瓜大棚早熟栽培定植前（   ）天，应搭好棚和铺好地膜。

    A. 1～2   B. 3～4   C. 5～14   D. 15～20

15. 大棚地爬式三蔓整枝栽培的中小型西瓜一般每亩栽（   ）株。

    A. 300   B. 450   C. 750   D. 1 000

16. 在出现缺氮症状时，可施用（   ）等肥料。

    A. 磷酸二氢钾   B. 过磷酸钙   C. 硫酸钾   D. 尿素

17. 缺钾的叶部主要特征为（   ）。

    A. 退绿   B. 叶片腐烂

    C. 叶缘黄化、枯死反卷   D. 植株矮小

18. 西瓜缺铁时，植株的新叶叶脉将（　　）黄化。

　　A. 全部　　　　　B. 大部分　　　　　C. 一半　　　　　D. 少量

19. 瓜果病虫害防治应贯彻"（　　）"的原则。

　　A. 预防为主，综合防治　　　　　B. 确定播种期

　　C. 培育壮苗　　　　　D. 合理密植

20. 使用农药时，必须严格遵守国家制定的（　　）。

　　A. 农药登记制度

　　B.《农药安全使用标准》和《农药合理使用准则》

　　C. 生产许可制度

　　D. 执行标准号

21. 如果两种农药混合后（　　），这样的农药不能混用。

　　A. 无分层　　　　　B. 产生絮结　　　　　C. 无沉淀　　　　　D. 无化学变化

22. 西瓜地膜覆盖栽培过程中，为提高地温、促进缓苗，最好在定植前（　　）天覆盖地膜。

　　A. 1～2　　　　　B. 3～5　　　　　C. 5～7　　　　　D. 15～20

23. 西瓜追肥一般分三次，其中不包括（　　）。

　　A. 提苗肥　　　　　B. 伸蔓肥　　　　　C. 坐果肥　　　　　D. 膨瓜肥

24. 地膜覆盖栽培西瓜可将瓜蔓盘在地膜表面，并用（　　）或用扭成"U"形的枝条夹持着瓜蔓倒插入瓜畦，将瓜蔓固定在地膜表面。

　　A. 风吹　　　　　B. 湿土压蔓　　　　　C. 干土压蔓　　　　　D. 五蔓整枝

25. 小环棚单行定植的西瓜每亩种植（　　）株。

　　A. 300　　　　　B. 500　　　　　C. 800　　　　　D. 1 000

26. 西瓜小环棚双膜覆盖栽培一般（　　）畦向有利于保温和增加光照。

　　A. 东西　　　　　B. 南北　　　　　C. 环形　　　　　D. 任意

27. （　　）整枝和三蔓整枝是目前上海地区地膜覆盖栽培西瓜生产上普遍应用的整枝方式。

　　A. 单蔓　　　　　B. 双蔓　　　　　C. 四蔓　　　　　D. 五蔓

28. 西瓜春季大棚栽培一般采用的整枝方法为（　　）和三蔓整枝。

  A. 单蔓整枝　　　　　　　　　　　B. 不整枝

  C. 四蔓整枝　　　　　　　　　　　D. 双蔓整枝

29. 大棚小西瓜一般以选留主蔓上（　　）节位的瓜最有利于丰产。

  A. 第一朵雌花　　　　　　　　　　B. 第二朵雌花

  C. 第三朵雌花　　　　　　　　　　D. 第四朵雌花

30. 当大棚西瓜幼瓜长到鸡蛋大小时，就要及时追施（　　）。

  A. 提苗肥　　　　B. 伸蔓肥　　　　C. 坐果肥　　　　D. 膨瓜肥

31. 嫁接苗愈合以前，苗床空气相对湿度应保持在（　　）以上。

  A. 65%　　　　B. 75%　　　　C. 85%　　　　D. 95%

32. 瓜苗嫁接后要注意育苗床保湿与通风换气，比较好的办法是在嫁接后覆盖的新地膜上打上间距（　　）的小孔。

  A. 20 cm×20 cm　　　　　　　　B. 50 cm×50 cm

  C. 30 cm×30 cm　　　　　　　　D. 40 cm×40 cm

33. 西瓜嫁接栽培是当前预防西瓜（　　）行之有效的办法。

  A. 枯萎病　　　　B. 病毒病　　　　C. 疫病　　　　D. 蔓枯病

34. 西瓜枯萎病成株期发病时，如病势发展缓慢，瓜蔓表现为（　　）。

  A. 上午萎垂，下午可恢复正常　　　B. 中午萎垂，早晚可恢复正常

  C. 早晚萎垂，中午可恢复正常　　　D. 无法判断

35. 西瓜炭疽病属（　　）病害。

  A. 真菌性　　　　B. 细菌性　　　　C. 病毒性　　　　D. 生理性

36. 西瓜白粉病属（　　）病害。

  A. 种传　　　　B. 土传　　　　C. 气传　　　　D. 水传

37. 种子消毒是防止西瓜疫病发生的有效方法之一，采用拌种消毒的药剂是（　　）。

  A. 瑞毒霉　　　　B. 甲醛　　　　C. 克露　　　　D. 普力克

38. 物理防治瓜蚜可用（　　）薄膜进行地面覆盖。

  A. 白色　　　　B. 黑色　　　　C. 黄色　　　　D. 银灰色

39. 美洲斑潜蝇成虫、幼虫均可危害西瓜和甜瓜，但以（　　）为主。

  A. 成虫   B. 幼虫   C. 若虫   D. 卵

40. 下列农药中，（　　）一般作为防治小地老虎的药剂。

  A. 敌菌灵   B. 苏云金杆菌   C. 大生   D. 代森锰锌

41. 若秋季无闲置地，可将选留的专用苗暂时（　　）。

  A. 集中假植   B. 储藏   C. 冷藏   D. 舍弃

42. 草莓繁苗过程中，为使子苗及时扎根，在子苗具（　　）片展开叶时进行压蔓。

  A. 1   B. 2   C. 3   D. 4

43. 草莓假植苗床的宽度一般为（　　）m。

  A. 0.8~1   B. 1.2~1.5   C. 1.8~2   D. 2~2.5

44. 上海地区草莓半促成栽培及露地栽培用苗以在（　　），10 月中旬以前定植为宜。

  A. 8 月上旬以前采苗、假植   B. 8 月下旬以前采苗、假植

  C. 9 月中下旬以前采苗、假植   D. 9 月上旬以前采苗、假植

45. 在自然条件下，高纬度地区的草莓花芽分化时期一般比低纬度地区（　　）。

  A. 早   B. 晚   C. 一样   D. 无法判断

46. 要打破休眠深的草莓品种，赤霉素使用浓度应相对（　　）。

  A. 低些   B. 高些

  C. 以上两者都可以   D. 不清楚

47. 我国南方地区种植露地草莓要求深沟作高畦，畦高至少（　　）cm。

  A. 10   B. 20   C. 40   D. 50

48. 草莓（　　）栽培要注意白天升温快、棚内气温高，夜间降温快、保温性差。

  A. 露地   B. 地膜   C. 小环棚   D. 大棚

49. 促成栽培所选用的品种要求长势强，具有（　　）的健全花粉。

  A. 较大   B. 较小   C. 较多   D. 较少

50. 促成栽培用苗的假植育苗地宜选择（　　）的地块。

  A. 肥沃   B. 施足基肥   C. 稍瘠薄   D. 施足氮肥

51. 草莓促成栽培从定植成活后到保温开始前这段时间里，摘叶作业一般在（　　）

进行。

    A. 定植后、苗成活时   B. 定植后、苗成活前

    C. 苗成活 7 天后   D. 苗成活 10 天后

52. 草莓运输中应做到（   ）。

    A. 运输工具震荡   B. 轻装轻卸   C. 碰撞和挤压   D. 任雨淋

53. （   ）有利于草莓炭疽病的发生。

    A. 高温高湿   B. 高温   C. 低温   D. 干燥

54. 炭疽病不危害草莓的（   ）。

    A. 匍匐茎   B. 叶柄   C. 叶片   D. 根

55. 在气温 18～20℃条件下，（   ）是诱导草莓灰霉病多发的主要条件。

    A. 低温   B. 高温   C. 干燥   D. 高湿

56. 草莓病毒病从表现的病症上大致可分为（   ）与缩叶型两种。

    A. 白化型   B. 灰化型   C. 深绿化型   D. 黄化型

57. 草莓根腐病危害地上部分的过程与症状不包括（   ）。

    A. 先是外叶叶缘发黄、变褐、坏死至卷缩

    B. 植株生长舒展

    C. 病症逐渐向心叶发展

    D. 全株枯黄死亡

58. 草莓青枯病危害地上部分的过程与症状不包括（   ）。

    A. 发病初期，叶柄变为紫红色

    B. 叶柄基部感染后，呈青枯状凋萎

    C. 随着病情的加重，下部叶片凋萎脱落

    D. 最后整株青绿

59. 斜纹夜蛾与甜菜夜蛾同属鳞翅目（   ）害虫。

    A. 螟蛾科   B. 夜蛾科   C. 蓑蛾科   D. 刺蛾科

60. 叶螨对作物叶片的含（   ）量较敏感。

    A. 氮   B. 磷   C. 钾   D. 钙

瓜果栽培（专项职业能力）理论知识试卷参考答案

一、判断题

1. ×	2. √	3. √	4. √	5. ×	6. √	7. √	8. √	9. ×	10. ×
11. √	12. √	13. ×	14. ×	15. ×	16. √	17. ×	18. ×	19. ×	20. ×
21. ×	22. √	23. √	24. ×	25. ×	26. √	27. √	28. √	29. ×	30. √
31. √	32. √	33. √	34. ×	35. √	36. ×	37. √	38. √	39. √	40. √

二、单项选择题

1. D	2. B	3. C	4. C	5. B	6. C	7. D	8. B	9. D	10. D
11. B	12. B	13. D	14. D	15. D	16. D	17. C	18. A	19. A	20. B
21. B	22. C	23. C	24. B	25. B	26. A	27. B	28. D	29. D	30. D
31. D	32. A	33. A	34. B	35. A	36. C	37. A	38. D	39. B	40. B
41. A	42. B	43. B	44. B	45. A	46. B	47. D	48. C	49. C	50. C
51. A	52. B	53. A	54. D	55. D	56. D	57. B	58. D	59. B	60. A

第6部分

操作技能考核模拟试卷

注 意 事 项

1. 考生根据操作技能考核通知单中所列的试题做好考核准备。

2. 请考生仔细阅读试题单中具体考核内容和要求，并按要求完成操作或进行笔答或口答，若有笔答请考生在答题卷上完成。

3. 操作技能考核时要遵守考场纪律，服从考场管理人员指挥，以保证考核安全顺利进行。

注：操作技能鉴定试题评分表及答案是考评员对考生考核过程及考核结果的评分记录表，也是评分依据。

国家职业资格鉴定

瓜果栽培（专项职业能力）操作技能考核通知单

姓名：

准考证号：

考核日期：

试题 1

试题代码：1.1。

试题名称：苗床电加温线布线。

考核时间：25 min。

配分：15 分。

试题 2

试题代码：2.2。

试题名称：作畦盖膜和定植。

考核时间：25 min。

配分：15 分。

试题 3

试题代码：3.3。

试题名称：西瓜嫁接技术（靠接法）。

考核时间：25 min。

配分：20 分。

试题 4

试题代码：4.4。

试题名称：甜瓜主要病虫害（甜瓜蔓枯病等）的识别与防治。

考核时间：25 min。

配分：20 分。

瓜果栽培（专项职业能力）操作技能鉴定

试 题 单

试题代码：1.1。

试题名称：苗床电加温线布线。

考核时间：25 min。

1. 场地设备要求

（1）30～50 m² 的田间操作场地。

（2）钉耙、铁锹等必要农具。

（3）布线用电加温线等实物。

2. 工作任务

（1）1 000 W 的电加温线布线。

（2）制作可放置约 2 000 个营养钵的苗床。

（3）自行计算苗床的宽度、长度和电加温线间的距离。

（4）布线后覆盖细土。

3. 技能要求

（1）苗床要平整；电加温线在苗床内两侧宜布得稍密些，两线间距为 6～8 cm；中间稍稀些，两线间距为 8～10 cm。

（2）布线要达到用电安全要求。

（3）电加温线上覆盖的细土要均匀。

4. 质量指标

（1）苗床整理：苗床要平整、干净。

（2）布线：电加温线在苗床内两侧宜布得稍密些，两线间距为 6～8 cm；中间稍稀些，两线间距为 8～10 cm，且布线要达到用电安全要求。

（3）覆细土：电加温线上覆盖的细土要均匀。

（4）文明操作与安全：操作规范、安全、文明，场地整洁。

瓜果栽培（专项职业能力）操作技能鉴定

试题评分表

试题代码及名称			1.1　苗床电加温线布线		考核时间		25 min		
评价要素		配分（分）	等级	评分细则	评定等级				得分（分）
					A	B	C	D	E
1	苗床整理：苗床要平整、干净	4	A	苗床平整、洁净					
			B	苗床较平整、较洁净					
			C	苗床平整度、洁净度一般					
			D	苗床平整度一般、不洁净					
			E	差或未答题					
2	布线：电加温线在苗床内两侧宜布得稍密些，两线间距为6～8 cm；中间稍稀些，两线间距为8～10 cm，且布线要达到用电安全要求	4	A	布线全部正确，两线间距符合要求，且布线直、牢固					
			B	布线基本正确					
			C	两线间距符合要求，但布线不直或不牢固					
			D	布线一般，且电加温线或接电线有打结现象					
			E	差或未答题					
3	覆细土：电加温线上覆盖的细土要均匀	5	A	覆盖土薄厚均匀、覆土薄厚适当					
			B	覆盖土薄厚基本均匀、覆土薄厚适当					
			C	覆盖土薄厚基本均匀，但覆土过多或过少					
			D	覆盖土大部分不均匀，且覆土过多或过少					
			E	差或未答题					

试题代码及名称			1.1 苗床电加温线布线		考核时间		25 min
评价要素	配分（分）	等级	评分细则	评定等级			得分（分）
				A	B	C	D	E

	评价要素	配分（分）	等级	评分细则	A	B	C	D	E	得分（分）
4	文明操作与安全：操作规范、安全、文明，场地整洁	2	A	操作规范，场地整洁，操作工具摆放安全						
			B	操作规范，场地较整洁，操作工具摆放安全						
			C	操作规范，场地部分不整洁，操作工具摆放安全						
			D	操作规范，场地部分不整洁，操作工具摆放不安全						
			E	差或未答题						
合计配分		15	合计得分							

考评员（签名）：

等级	A（优）	B（良）	C（及格）	D（较差）	E（差或未答题）
比值	1.0	0.8	0.6	0.2	0

"评价要素"得分＝配分×等级比值。

瓜果栽培（专项职业能力）操作技能鉴定

试 题 单

试题代码：2.2。

试题名称：作畦盖膜和定植。

考核时间：25 min。

1. 场地设备要求

(1) 1 个标准大棚操作场地。

(2) 钉耙、铁锹、绳子等必要农具。

(3) 地膜、打洞机、育成的瓜苗、水桶等实物。

2. 工作任务

(1) 用绳子把大棚田块纵向平均分成两部分，作畦 8 m，定植 16 株苗。

(2) 作畦高 30 cm。

(3) 均匀地覆盖地膜后用土压实。

(4) 用打洞机打定植穴，株距 40 cm。

(5) 把瓜苗放入定植穴内，用细土压实。

(6) 在定植苗穴内浇足水。

3. 技能要求

(1) 作畦要直、畦面土要细、畦面要平。

(2) 定植穴深度在 10 cm 左右，纵向定植穴呈直线。

(3) 定植后苗周围要放细土并压实，浇水后不能有空隙。

4. 质量指标

(1) 作畦盖膜：作畦要直、畦面土要细、畦面要平、盖膜要紧密。

(2) 定植浇水：定植后苗周围要放细土并压实，浇水后不能有空隙。

(3) 熟练程度：作畦 8 m，定植 16 株苗。

(4) 文明操作与安全：操作规范、安全、文明，场地整洁。

瓜果栽培（专项职业能力）操作技能鉴定

试题评分表

试题代码及名称			2.2 作畦盖膜和定植		考核时间		25 min			
评价要素	配分（分）	等级	评分细则	评定等级					得分（分）	
				A	B	C	D	E		
1 作畦盖膜：作畦要直、畦面土要细、畦面要平、盖膜要紧密	5	A	完全按要求操作							
		B	畦面、操作沟基本符合定植要求，盖膜不紧							
		C	畦面基本符合定植要求，操作沟不直、过浅，盖膜不紧							
		D	畦面不符合定植要求，操作沟不直、过浅，盖膜不紧							
		E	差或未答题							
2 定植浇水：定植后苗周围要放细土并压实，浇水后不能有空隙	4	A	完全按要求操作							
		B	定植苗周围细土基本压实，浇水方式正确							
		C	定植苗周围细土基本压实，浇水方式基本正确							
		D	定植苗周围细土未压实，浇水方式基本正确							
		E	差或未答题							
3 熟练程度：作畦 8 m，定植 16 株苗	4	A	全部完成							
		B	完成 80% 以上							
		C	完成 60%～80%							
		D	完成 30%～60%							
		E	差或未答题							

续表

试题代码及名称			2.2　作畦盖膜和定植		考核时间		25 min		
评价要素	配分（分）	等级	评分细则	评定等级					得分（分）
				A	B	C	D	E	
4　文明操作与安全：操作规范、安全、文明，场地整洁	2	A	操作规范，场地整洁，操作工具摆放安全						
		B	操作规范，场地较整洁，操作工具摆放安全						
		C	操作规范，场地部分不整洁，操作工具摆放安全						
		D	操作规范，场地部分不整洁，操作工具摆放不安全						
		E	差或未答题						
合计配分	15		合计得分						

考评员（签名）：

等级	A（优）	B（良）	C（及格）	D（较差）	E（差或未答题）
比值	1.0	0.8	0.6	0.2	0

"评价要素"得分＝配分×等级比值。

瓜果栽培（专项职业能力）操作技能鉴定

试 题 单

试题代码：3.3。

试题名称：西瓜嫁接技术（靠接法）。

考核时间：25 min。

1. 场地设备要求

（1）100 m² 左右的操作场地。

（2）已育好的接穗和砧木各 20 株。

（3）嫁接用品：小刀、夹子、竹签。

（4）搭建好的塑料薄膜、小拱棚、遮阳网等。

（5）放置实物或标本的操作台若干。

2. 工作任务

（1）鉴别接穗和砧木。

（2）按正确的方法与步骤进行接穗和砧木嫁接。

（3）合理放置嫁接后的嫁接苗。

（4）完成 10 株嫁接苗。

（5）文明操作。

3. 技能要求

（1）在规定的时间内完成 10 株嫁接苗。

（2）嫁接方法规范正确，操作文明安全，操作场地干净整洁。

4. 质量指标

（1）鉴别：正确鉴别接穗和砧木。

（2）嫁接方法：接穗和砧木的切口大小和深度要符合要求，接穗插入砧木切口后嫁接夹不能损伤幼苗。

（3）放置：嫁接苗放置在湿润、遮阳、保湿的小拱棚内。

（4）熟练程度：在规定的时间内完成规定数量的嫁接苗。

（5）文明操作与安全：操作规范、安全、文明，场地整洁。

瓜果栽培（专项职业能力）操作技能鉴定

试题评分表

试题代码及名称		3.3　西瓜嫁接技术（靠接法）			考核时间			25 min		
评价要素		配分（分）	等级	评分细则	评定等级					得分（分）
					A	B	C	D	E	
1	鉴别：正确鉴别接穗和砧木	3	A	正确鉴别						
			B	基本能鉴别						
			C	经提示，能鉴别						
			D	—						
			E	差或未答题						
2	嫁接方法：接穗和砧木的切口大小和深度要符合要求，接穗插入砧木切口后嫁接夹不能损伤幼苗	8	A	技术完全符合要求						
			B	技术基本符合要求						
			C	嫁接损苗在 20% 以下						
			D	嫁接损苗在 20%～50%						
			E	差或未答题						
3	放置：嫁接苗放置在湿润、遮阳、保湿的小拱棚内	2	A	符合要求						
			B	—						
			C	基本符合要求						
			D	—						
			E	差或未答题						
4	熟练程度：在规定的时间内完成规定数量的嫁接苗	4	A	全部完成						
			B	完成 80% 以上						
			C	完成 60%～80%						
			D	完成 30%～60%						
			E	差或未答题						

续表

试题代码及名称		3.3 西瓜嫁接技术（靠接法）		考核时间		25 min			
评价要素	配分（分）	等级	评分细则	评定等级 A B C D E					得分（分）
		A	操作规范，场地整洁，操作工具摆放安全						
5　文明操作与安全：操作规范、安全、文明，场地整洁	3	B	操作规范，场地较整洁，操作工具摆放安全						
		C	操作规范，场地部分不整洁，操作工具摆放安全						
		D	操作规范，场地部分不整洁，操作工具摆放不安全						
		E	差或未答题						
合计配分	20		合计得分						

考评员（签名）：

等级	A（优）	B（良）	C（及格）	D（较差）	E（差或未答题）
比值	1.0	0.8	0.6	0.2	0

"评价要素"得分＝配分×等级比值。

瓜果栽培（专项职业能力）操作技能鉴定

试 题 单

试题代码：4.4。

试题名称：甜瓜主要病虫害（甜瓜蔓枯病等）的识别与防治。

考核时间：25 min。

1. 场地设备要求

（1）50 m² 左右的教室或 100 m² 左右的操作场地。

（2）识别病虫害所需要的实物、照片或幻灯片及其放映设备等。

（3）放置实物或标本的操作台若干。

2. 工作任务

（1）识别甜瓜病害 3 种及对应的常用药剂。常见甜瓜病害有甜瓜蔓枯病、甜瓜白粉病、甜瓜细菌性角斑病等。

（2）识别甜瓜虫害 2 种及对应的常用药剂。常见甜瓜虫害有瓜蚜、叶螨（红蜘蛛）、美洲斑潜蝇等。

3. 技能要求

（1）根据实物标本、照片或幻灯片指出对应的病害或虫害。

（2）根据所回答的病虫害名称指出用何种药剂（1～2 种）防治。

4. 质量指标

（1）病害识别：识别甜瓜病害。

（2）虫害识别：识别甜瓜虫害。

（3）药剂防治：指出防治每种病害、虫害的药剂名称。

(1)

(2)

(3)

(4)

(5)

(6)

瓜果栽培（专项职业能力）操作技能鉴定

答　题　卷

准考证号：

试题代码：4.4。

试题名称：甜瓜主要病虫害（甜瓜蔓枯病等）的识别与防治。

考核时间：25 min。

根据图片识别甜瓜主要病虫害并说明防治方法，写在答题卷上。

甜瓜主要病虫害（甜瓜蔓枯病等）的识别

病害名称	编号	虫害名称	编号
甜瓜蔓枯病		瓜蚜	
甜瓜白粉病		叶螨（红蜘蛛）	
甜瓜细菌性角斑病		美洲斑潜蝇	

甜瓜主要病虫害（甜瓜蔓枯病等）的防治

病虫害名称	防治方法 （选填右边单元格内相应药剂的编号）	
甜瓜蔓枯病		（1）苯醚甲环唑（世高）
甜瓜白粉病		（2）嘧菌酯（阿米西达）
甜瓜细菌性角斑病		（3）氢氧化铜（可杀得）
瓜蚜		（4）吡虫啉
叶螨（红蜘蛛）		（5）哒螨灵
美洲斑潜蝇		（6）灭蝇胺（潜克）

瓜果栽培（专项职业能力）操作技能鉴定

试题评分表

试题代码及名称		4.4 甜瓜主要病虫害（甜瓜蔓枯病等）的识别与防治			考核时间				25 min	
评价要素		配分（分）	等级	评分细则	评定等级					得分（分）
					A	B	C	D	E	
1	病害识别：识别甜瓜病害	6	A	能正确识别3种病害						
			B	能正确识别2种病害						
			C	能正确识别1种病害，经提示能正确识别另外1种病害						
			D	能正确识别1种病害						
			E	差或未答题						
2	虫害识别：识别甜瓜虫害	6	A	能正确识别2种以上（含2种）虫害						
			B	能正确识别1种虫害，经提示能正确识别另外1种虫害						
			C	能正确识别1种虫害						
			D	经提示能正确识别1种虫害						
			E	差或未答题						
3	药剂防治：指出防治每种病害、虫害的药剂名称	8	A	全部正确						
			B	有1~2个错误						
			C	有3~4个错误						
			D	有5~6个错误						
			E	差或未答题						
合计配分		20		合计得分						

考评员（签名）：

等级	A（优）	B（良）	C（及格）	D（较差）	E（差或未答题）
比值	1.0	0.8	0.6	0.2	0

"评价要素"得分＝配分×等级比值。